検証・ガス化溶融炉

増補版

ダイオキシン対策の切札か

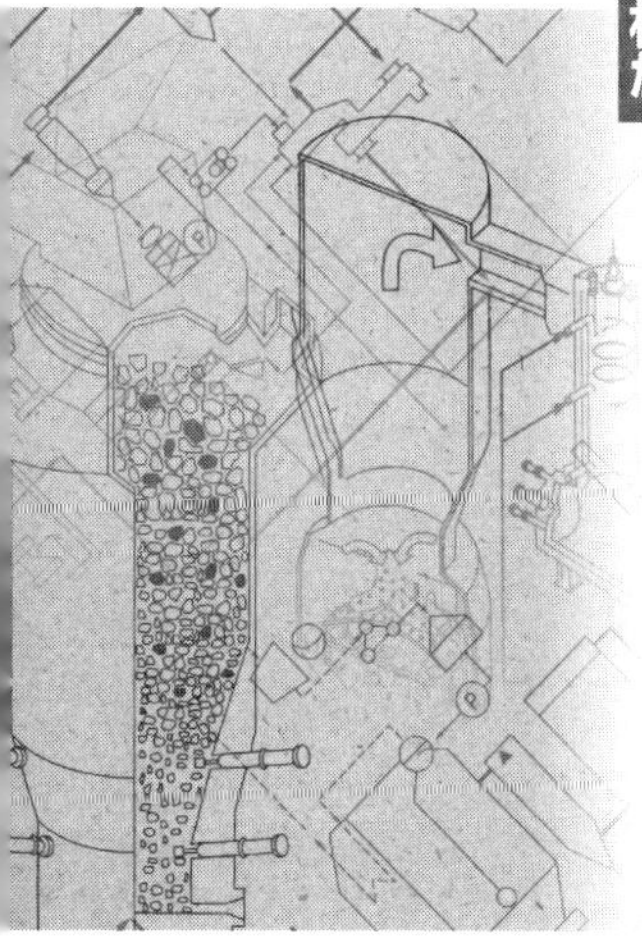

津川敬 著

緑風出版

検証・ガス化溶融炉【増補版】――ダイオキシン対策の切札か●もくじ

検証・ガス化溶融炉【増補版】——ダイオキシン対策の切札か●もくじ

序　章　厚生省のごみ処理広域化計画とガス化溶融炉——10

焼却と溶融の違い・10／自治体を揺るがす〝平成の御触れ〟・13／過疎地からの悲鳴・18／火蓋を切ったガス化溶融炉戦争・20

第一部　主要メーカーの技術を検証する

第一章　トップランナーの威信——新日鉄——32

コークスベッド方式とは・32／最初の実験都市——岩手県釜石市・36／「ガス化溶融」という言葉・40／凄絶をきわめた作業現場——大阪府茨木市・41／ダイオキシン分解の条件・45／破竹の営業展開・48

【資料】福岡県「三和町の自然を守る住民の連合会」作成のイラストに対する新日鉄の見解・50

第二章　〝二番手企業〟の市場戦略——NKK　57

〝連続〟のメリット・58／棚吊りとその防止策・61／デメリットをメリットに・63／キレイごとでは済まない・64

第三章　技術評価書第一号の重み——三井造船　69

二段構えの構造・69／技術評価第一号・72／突如の市長決断・74／シーメンスとは違う？・78／全国注視のプラント始動・81／先進的な協定書・83

第四章　わが社こそ主流——荏原製作所　86

文字どおりの〝スターダスト〟・86／爆発の懸念はない？・88／空気比が少ない理由・91／実証中のいくつかのトラブル・94／産廃で新技術挫折？　96／エ

コ・インダストリアルパーク・98

第五章　ごみからガスをつくる——川鉄サーモセレクト　100
いきなり実証炉・100／ガスを改質する・102／四つのプロセス・104／水、純酸素、ガス改質・106／サーモセレクトはベンツ？・108／業務提携のメリット・109／〝出す〟側の論理・111／変わる業界事情・112

第六章　十七年目の再挑戦——月島機械　116
手間ひまかかった新技術・116／船橋市からの発注・118／プロジェクトの挫折・121／羹に懲りて？・123／エコロックの追求・124

第二部　ごみ処理広域化・大型化に揺れる郷土と住民

第一章　港湾と鉄の町で——北海道室蘭市　130
幻の三市共同体制・130／突然の候補地決定・132／コロコロ変わる行政の姿勢・

135／入り乱れる企業の思惑・138／地元を引き裂く・140／反対票が上回った住民投票・143／切り崩しと締め付け・146

第二章　厚生省が仕掛けた？　広域化計画——大阪府能勢町——153
廃炉決定まで・153／面目丸潰れの大阪府・155／あとでつけた理屈・157／過疎地の〝利用法〟・159／運動も〝広域化〟・162／市民感情を逆撫でした市長・164／事態は混迷・166

第三章　産炭地の疲弊と溶融炉建設——福岡県田川市——168
〝石炭〟で潤う・168／厚生省の意向に合わせた？・170／筑豊の再生を模索・173

第四章　「ＰＦＩ事業」がもたらす混迷——千葉県君津市・福岡県大牟田市——176
ギリギリの抵抗・176／シナリオどおりの展開・178／儲けず損せず・180／ごみは減らせない・182／環境ビジネススタート・186／ごみ減量と逆行・188

終　章　何が問題なのか――――192
技術をめぐる二つの矛盾・192／ガス溶融炉は「税金浪費型技術」・195／ガス化溶融炉は本当に安全か・199／ダイオキシン対策にならないガス化溶融炉・207

用語解説・211

ガス化溶融炉問題の現在――――221
現実のものとなったガス化溶融炉事故・221／ダイオキシン特需後のプラント業界事情・227／都市ごみ焼却炉に産廃を受け入れるのか・232／もうひとつの手口――エコタウン・235／スーパーエコタウンの欺瞞性・237

増補版へのあとがき・242

検証・ガス化溶融炉【増補版】

ダイオキシン対策の切札か

序章　厚生省のごみ処理広域化計画とガス化溶融炉

焼却と溶融の違い

ガス化溶融炉がブームである。厚生省が一九九七年五月に通達の形で出した「ごみ処理の広域化計画について」がそのブームを加速させた。だが四十年もつづいた「ごみ焼却」がなぜ、いま「ごみ溶融」なのか。二つの技術について、その違いをみておこう。

燃焼とはそれによって有用なエネルギーを引き出す行為である。そして効率の良い燃焼を達成するためには三つの条件が不可欠とされてきた。まず燃料が均質かつ良質であること、次に一定の高温が維持されること、そして十分な酸素が炉内に供給されることである。

環境汚染・地球温暖化など、何かと問題の多い火力発電も、こと燃焼技術に関しては多年にわたる試行錯誤の上、理想に近い燃焼条件を獲得してきた。

しかしこれと似て非なるものが「ごみの焼却」である。

第一に、ごみは「燃料ではない」から、何が入ってくるかわからない。たとえば生ごみがドサッと入れば炉内温度は一気に低下する。逆にプラスチックなど高カロリーのごみが入れば炉内温度は急激に上がる。そのため第二の条件である「一定の高温を維持する」ことはきわめて困難であり、第三の条件である「酸素の供給」には高度の熟練が必要になってくる。いわゆる燃焼管理である。

もともとごみ焼却自体にエネルギーを獲得するという目的はない。ごみ発電は後年に採用した一種の廃物利用であって、これが目的化されると例外なく「発電のためにごみ集めをする」という逆転現象が起きる。

では、あらためて、ごみの焼却と溶融とでは何がどのように違うのか。まず「焼却」の場合、摂氏八五〇度前後が焼却温度（燃焼室出口）の上限だということである。排ガス温度がそれ以上高くなると、①炉の耐火物を傷め、②灰などが溶け出して炉壁に付着物（クリンカー）ができる、③さらに高温になればなるほど窒素酸化物や重金属類の揮散が激しくなるからだ。

これに対し「溶融」は意図的に炉内を一三〇〇度以上（上は二〇〇〇度近く）に上げ、ごみを溶かしてしまおうという技術である。

物質は一〇〇〇度以上の高温に出会うと液状化現象を起こす。溶鉱炉で真っ赤に溶けた鉄が炉底から噴出する光景はテレビや写真でおなじみだろう。その〝ごみ版〟と考えればよい。溶融炉のタイプは異なるが、ごみの成分が真っ赤になって炉底から流れ出すという工程は同じである。

第二に、焼却によってあとに残るのは焼却灰であり、その処分が問題となってきた。多くは管理型処分場に捨てられるのだが、いずれ処分場は満杯になる。すでになくなってしまった自治体も多い。そのため厚生省は一九九六年六月、新規着工の焼却施設から必ず灰溶融設備を付けるよう指導を行なった。

焼却灰をさらに溶融してスラグにする設備が灰溶融炉である。この方式では焼却炉プラス灰溶融炉という〝設備の二重化〟が必要で、その分コストも嵩む。ガス化溶融炉ならごみの投入からスラグ化までを一貫して行なってしまう最新技術だから設備もコンパクトになり、コストも安くなると各メーカーは自賛する。

第三に焼却と異なり溶融では超高温のためダイオキシンは苦もなく分解し、できたスラグは路盤材などに再利用できるから処分場の延命につながると全メーカーはその利点を強調する。

ではガス化溶融炉の運転工程と、メーカーが強調する「焼却炉との違い」をあらためて整理しておこう。

(1) ごみは低温、無酸素または低酸素状態の炉（熱分解炉）で熱分解され、ガス、灰分、未燃分（カーボン類）、タール分などが生成される。

(2) 生成ガスは次の溶融工程に送られ、ガレキなど残渣は熱分解炉の下部から排出される。残渣中の鉄、アルミなど金属類は酸化されないため、有価物として売却が可能。

(3) 溶融炉の内部は熱分解ガスと高温空気で一三〇〇度以上になり、残渣中の灰分や未燃分（カーボン類）が溶融炉に送られる。

(4)　溶融炉内で溶かされて真っ赤になった液状のカーボン類は炉底から排出され、下に置かれた水槽に入って一気にスラグ（ガラス質の細かい粒）となる。
(5)　溶融で生成されたスラグはコンクリート骨材や路盤材などに活用される。
(6)　空気比が一・三のため排ガス量が少ない（通常燃焼では一・八程度）。
(7)　高温のため効率のいいごみ発電ができる。
(8)　施設全体は一体型のためコンパクトで建設費も安くなる。

以上の仕組みは、コークスを使う新日鉄以外の溶融炉メーカーに共通するもので、炉タイプにより技術上の差異はある。たとえば熱分解炉にまったく酸素を入れないタイプ（三井造船型）と、やや酸素を入れるタイプ（荏原製作所型）などであるが、その詳細は第一部の技術編に譲る。

結論めいたことをいえば次のようになる。「焼却炉」は燃やせるものだけを受け入れるプラントなのに対し、「溶融炉」は燃やせないものまでいっしょくたに投入できるところに特色がある。いいかえるなら、前者は「分別」になじむプラントであり、後者は「分別」など無用にしてしまうプラントなのである。

自治体を揺るがす〝平成の御触れ〟

一九九七年五月二十八日、厚生省が一課長の名で発した一片の通達によって全国の自治体がパニックとなった。その余波はいまなお治まる気配がない。

日本では憲法よりも下位法、さらにそれを運用する施行令、政省令の類が強大な拘束力を持ち、通達、指針などが地方行政をがんじがらめに縛っている。通達とはいわば地方に対するお上の〝御触れ〟なのである。

「ごみ処理の広域化計画について」と題するこの通達はわずか六項目のコメントと、それを実施する際の事務手続きを示す簡単な文書だが、その中身はこれまでの清掃行政を一変させるほどの迫力を持っている。以下はその原文。例によってみごとな悪文である（実物はヨコ書き）。

衛環第一七三号
平成九年五月二八日

各都道府県一般廃棄物担当部（局）長殿

厚生省生活衛生局
水道環境部環境整備課長

ごみ処理の広域化計画について

ごみ処理に係るダイオキシン類の排出削減対策については、平成九年一月に「ごみ処理に係るダイオキシン類発生防止等ガイドライン」（以下「新ガイドライン」という。）が策定されたところであるが、新ガイドラインに基づき、ごみ処理に伴うダイオキシン類の排出削減を図るため、各都道府県においては、別添の内容を踏まえたごみ処理の広域化について検討し、広域化計画を策定するとともに、本計画に基づいて貴管下市町村を指導されたい。

（別添）

《広域化の必要性》

ごみの排出量の増大等に伴う最終処分場の確保難、リサイクルの必要性の高まり、ダイオキシン対策等の高度な環境保全対策の必要性等、適正なごみ処理を推進するに当たっての課題に対応するため、今後、ごみ処理の広域化が必要である。このため、次の事項を十分踏まえたうえで広域化計画を策定されたいこと。

1　ダイオキシン削減対策

今後新たに建設されるごみ焼却施設は原則としてダイオキシン類の排出の少ない全連続炉とし、安定的な燃焼状態のもとに焼却を行うことが適当であり、そのために必要な焼却施設の規模を確保することが必要である。

2　焼却残渣の高度処理対策

焼却残渣に含まれるダイオキシン類を削減するため、特別管理一般廃棄物として指定されているばいじんだけでなく、焼却灰についても溶融固化等の高度処理を推進する必要があるが、焼却残渣リサイクルの観点からも、積極的に実施することが適当である。

3　マテリアルリサイクルの推進

リサイクル可能物を広域的に集めることにより、リサイクルに必要な量が確保される場合があるので、これによりマテリアルリサイクルを推進するとともに焼却量の減量化を図る。

4　サーマルリサイクルの推進

ごみ焼却施設を全連続式とすることにより、ごみ発電等の余熱利用を効率的に実施することができる。これによってエネルギー利用の合理化を図るとともに地球温暖化の防止にも資することができる。なおサーマルリサイクル推進の観点からは、ごみ焼却施設は、焼却能力三〇〇トン（一日当たり）以上とすることが望ましい。

5　最終処分場の確保対策

大都市圏では既に広域的な最終処分場の整備が行われているところであるが、今後はごみ焼却施設の広域化と併せて、焼却灰等を処分する最終処分場の広域的な確保を図る必要がある。

6　公共事業のコスト削減

近年、公共事業のコスト削減の必要性が高まっており、当省としても「厚生省関係公共工事費用削減対策に関する行動計画」を定め、平成九年四月二二日付け衛計第六三号をもって通知したところである。高度な処理が可能で小規模なごみ焼却施設等を個別に整備すると多額の費用が必要となることから、可能な限りごみ処理施設を集約化し、広域的に処理することにより、公共事業のコスト縮減を図る必要がある。

（以下略）

この通達が如何に矛盾に満ち、地域の実情を無視したものであったか。当時いくつかの市や町の議員が集まって内容の検討を行なったことがある。その時の論議は概要以下のとおり。

(1)　ここにうたわれているのはダイオキシンの排出抑制であって、発生そのものを抑制する方策ではない。最優先とすべきは有機塩素系化合物の総量規制である。

(2)　（ダイオキシン類を削減するために）大型連続炉を積極推進せよというが、厚生省自身が発表した測定結果をみる限り、特に炉の規模による有意差は認められない。実際にはバグフィルターの有無がポイントになっている。

(3)　ごみ問題の根本解決は大量生産、大量廃棄社会の変革とともに、リユース（再使用）とマテリアルリサイクルの徹底にある。これを積極的に実施した地域ではすでに一〇万人当たり一日六〇トンから八〇トン程度のごみ焼却量で済んでおり、資源化の推進や生ごみの堆肥化などでさらに減量が可能となろう。この事実から推定すれば首都圏でさえ一日一〇〇トンの可燃ごみを集めることは困難となる。厚生省のいう「一日当たり三〇〇トンのごみ」を集めるには相当広範囲の地域を対象とせねばならない。もはやごみが右肩あがりで増える時代は終わったのである。

(4) サーマルリサイクルは廃棄物の発生抑制、リユース等の後に位置付けられるべきであり、またプラスチック類の焼却がダイオキシン類発生の主な原因である以上、これを取り除くことは当然である。だがそのことで焼却による熱量が下がり、ごみ発電自体が不可能になるという矛盾を引き起こす。

(5) ごみは最後まで自区内処理を原則としなければ責任ある対応は望めない。また広域化の名で公害物質を過疎地に押しつけることは許されず、それぞれの地域が責任を持って管理するという原則を確立すべきである。

(6) たしかに広域化・大型化によってごみ一トン当たりの建設単価は相対的に低下するだろう。しかし受皿を大きくすればごみそのものは増え、広域化に伴う輸送費や長距離輸送が生み出す公害など、新たな問題が生ずる。

過疎地からの悲鳴

とりわけ〝御触れ〟の影響をモロに受けた地域は、土地がだだっ広く、人口が極端に少ない北海道であった。

「冬はごみの運搬に片道二時間もかかり、吹雪で通行止めになることもしばしばで、水分の多い生ごみが運搬中に凍ってしまうこともある」

北海道網走支庁常呂郡留辺蘂（るべしべ）町――。人口わずか一万人の町だが、面積は五六四平方メートル。これは東京二三区中最大の面積をもつ大田区の九・五倍に相当する。ちなみに大田区の在住総人口は約六三万人である。

その留辺蘂町が一日処理量一三トンの焼却炉建設計画を進め、九八年着工を目指して道庁に書類を提出したのは九七年六月のことであった。だが折悪しく厚生省が「ごみ処理広域化」通達を出した直後である。書類はニべもなく突っ返され、小田俊次町長（当時）はその三日後、計画断念を町議会に報告した。

「（こうなった以上）近隣との連携で乗り切るしかないが、見渡すかぎりの広大な原野をもつ北海道で広域化計画なるものが果たして成立するのであろうか」

これは単に留辺蘂町だけでなく、人口二万人にも満たない町村を七九％も抱える北海道（二一二市町村）全体の疑念であった。

「広域化の道を選べば山を越えてごみを運ばねばならず、冬場は道も凍結する」ような事情は全国でも同じであった。やはり広大な山間部を抱える九州のある県では次のような理由で〝広域化という名の無理難題〟に対し不満の意を示した。

1　施設の整備計画が異なるため、早急な広域化は困難。

2　大型焼却炉をつくったらごみ集めがたいへん。
3　すでに広域化が進んでいる地域もあり、再広域化を進める場合には現在の広域生活圏を越えた新たな統合と関係市町村間の調整に時間がかかる。
4　広域化の核になる市や事務組合が施設更新を終えている。これらの更新計画に合わせた場合、さらに長時間を要する。
5　よそのごみを受け入れる住民の合意形成はまず不可能。

まさに一片の課長通達に全国の反発が激化、広域化計画の前途も多難と思われたが、さすが伝統ある官治国家であった。提出時期は若干ズレたものの都道府県による全国各地の線引き（ブロック化）計画は九八年度中にすべて出揃った。北海道も例外ではなかった。

広域化計画の最終年度は二〇〇七年度となっているが、一方で排ガス濃度規制のゴールはあと一年に迫っている。自治体の尻に、いま火がついている。

火蓋を切ったガス化溶融炉戦争

厚生省通達に歩調を合わせるように、半世紀に一度あるかないかの大型ビジネスチャンスが到来した。

環境関連のある業界紙記者によると、すでに九〇年代の前半、厚生省は日本の主要産業機器メーカーを集め、ダイオキシン対策の切札として広域化、大型化の方針を示した上、従来と設計思想の違うごみ処理新技術の開発を示唆したという。ガス化溶融炉について各社それぞれのノウハウが出揃うのはそれから間もなくのことであった。

新しもの好きの業界紙がこれを囃し、本格的ブームになるものと思われたが、いったんは下火となった。

理由のひとつに九八年八月十二日、ドイツのバイエルン州フュルト市で起きたキルン型溶融炉（シーメンス社が建設）のガス漏れ事故（第一部第三章参照）がある。一過性と思われたこの報道はのちにボディブローのように効きはじめ、ガス化溶融炉を選定機種の候補に組み込んでいた全国の自治体をたじろがせた。

第二に産業機械の分野ではナショナルフラッグ（国を代表する企業）ともいうべき三菱重工業（重工）がガス化溶融炉に乗り気ではないというあるシンクタンクの見解が流れたことである。同社の本命はストーカ炉であり、他社との均衡上、ガス化溶融炉を営業種目に入れているにすぎないと、三菱系の関係者も証言した。通常、あるメーカーが一つの技術の開発を断念したという場合、そのメーカーの力量不足が取り沙汰される。だが三菱重工業がその技術から撤収した場合、「あの重工でさえ手に負えなかった欠陥技術」と周囲は納得してしまう。ナショナルフラッグの威光というべきか。

ところが二〇〇〇年を迎え、状況は再び変わった。

ひとつはフュルト事故のあと注目されていたキルン型溶融炉の国内第一号「三井リサイクリング

21」（三井造船㈱）が九九年秋から試運転に入り、二〇〇〇年三月、契約先の福岡県筑後市の「八女西部広域事務組合」に引渡しを完了したことである。三井造船は問題のシーメンス社と技術契約を結んでいたが、事務組合の担当者は「（プラントの稼働に）まったく問題はない」と胸を張っている。

第二に川崎製鉄㈱が千葉の自社工場敷地内に実証炉ではなく、いきなり日量三〇〇トンの実用炉（サーモセレクト型ガス化溶融炉）を立ち上げたことである。九九年秋のプラント竣工以後、二〇〇〇年三月まで千葉市からごみの提供を受け、無事、実証試験を終えた。総処理量は一万五〇〇〇トン。四月からは三菱マテリアル㈱とつくった合弁会社「ジャパン・リサイクル㈱」の手で実用炉による産廃処理事業が開始された。真っ赤なデザインの奇抜な建屋に高層煙突の姿はなく、見学者数は半年で七〇〇〇人を超えたという。

第三は先発企業・新日鉄のひとり勝ち状況である。

いまコークスベッド方式とよばれる新日鉄の直接溶融炉は二〇〇〇年六月現在、全国一二カ所で稼働、もしくは建設に入っている。さらに本年中にはあと七、八カ所で建設契約が整う模様であり、特に千葉県、福岡県北東部など、〝新日鉄城下町〟でその勢いが強く、自治体側の強引な計画推進の動きもあって、地元とのあつれきを数多く生んでいる。二〇〇二年のダイオキシン排ガス濃度規制というタイムリミットを前に「二十年以上の実績」を誇る新日鉄は自治体にとって唯一の安全パイになっていることも否めず、期間限定ながらダイオキシン対策の名で国庫補助の優遇措置がついていることが駆け込み発注の動機となっている点も見逃せない。

二〇〇〇年三月、これまで慎重な姿勢をとっていた東京都（清掃局）がガス化溶融炉の導入にゴーサインを出した。都の場合、四月から清掃事業の移管を受けた二三区側（一部事務組合を組織）が検討することになるが、事実上、東京都が導入に踏み切ったことで他の大都市自治体に影響を与えることは必至である。

さらにこれまで国庫補助金支出の対象機種をストーカ炉と流動床炉に限定した構造指針を廃止し、九八年度からガス化溶融炉も参入可能な性能指針方式を厚生省がとったことも大きい。

ある業界紙によれば、二〇〇〇年五月現在でガス化溶融炉の受注総トン数がストーカ炉のそれを抜いたという。その大半が新日鉄であることは明白であるが、他メーカーの追撃も激化してきた。市場の一角に何としても食い込みたいため、早くもダンピングの動きすら起きている。応札価格が異常に低いため、落札保留となったケースも出たほどだ。

香川県豊島（てしま）の技術検討委員会をコーディネートした国内有数のシンクタンクの主任研究員が苦笑しながらいった。「こんな狭い市場に三〇近いメーカーが横並びでひしめいている国は、世界広しといえど日本だけですよ」。

一方、後世に対するツケの大きさを知ってか知らずか、少なからぬ自治体によって多額の税金が「高温溶融炉という名の溶鉱炉」に惜し気もなく投入されようとしている。一説にはガス化溶融炉を含む大型焼却炉の新設に要する予算規模は四〇兆円前後という。

厚生省の大型化・広域化方針を含め、いま、一種の狂気がこの国を覆っている。

図1　熱分解ガス溶融炉（例）

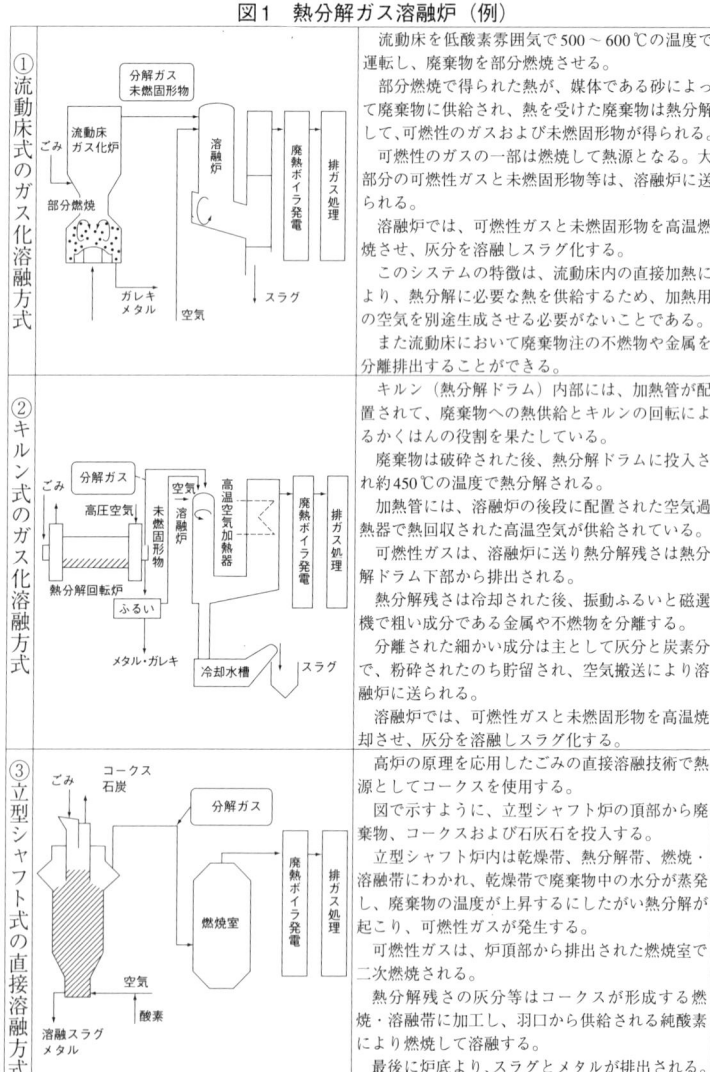

<table>
<tr>
<td>①流動床式のガス化溶融方式</td>
<td>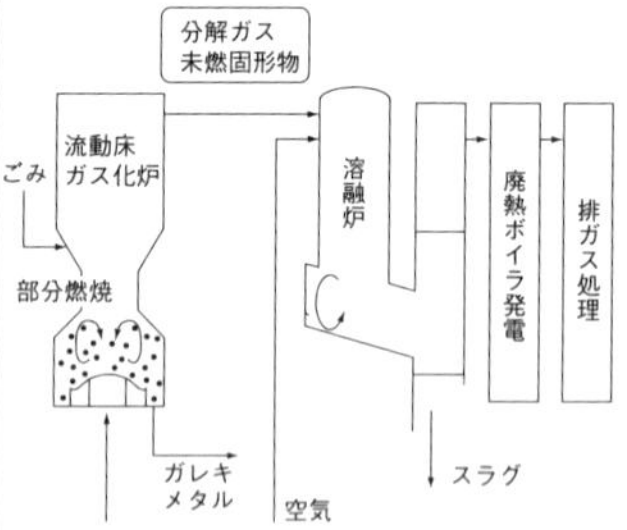
</td>
<td>流動床を低酸素雰囲気で500～600℃の温度で運転し、廃棄物を部分燃焼させる。
部分燃焼で得られた熱が、媒体である砂によって廃棄物に供給され、熱を受けた廃棄物は熱分解して、可燃性のガスおよび未燃固形物が得られる。
可燃性のガスの一部は燃焼して熱源となる。大部分の可燃性ガスと未燃固形物等は、溶融炉に送られる。
溶融炉では、可燃性ガスと未燃固形物を高温燃焼させ、灰分を溶融しスラグ化する。
このシステムの特徴は、流動床内の直接加熱により、熱分解に必要な熱を供給するため、加熱用の空気を別途生成させる必要がないことである。
また流動床において廃棄物注の不燃物や金属を分離排出することができる。</td>
</tr>
<tr>
<td>②キルン式のガス化溶融方式</td>
<td>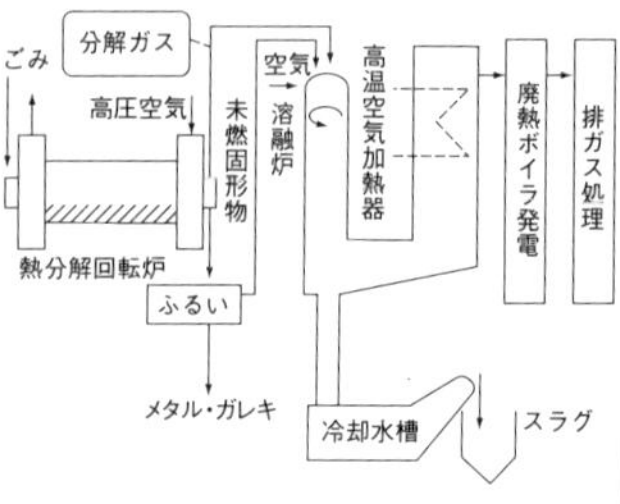
</td>
<td>キルン（熱分解ドラム）内部には、加熱管が配置されて、廃棄物への熱供給とキルンの回転によるかくはんの役割を果たしている。
廃棄物は破砕された後、熱分解ドラムに投入され約450℃の温度で熱分解される。
加熱管には、溶融炉の後段に配置された空気過熱器で熱回収された高温空気が供給されている。
可燃性ガスは、溶融炉に送り熱分解残さは熱分解ドラム下部から排出される。
熱分解残さは冷却された後、振動ふるいと磁選機で粗い成分である金属や不燃物を分離する。
分離された細かい成分は主として灰分と炭素分で、粉砕されたのち貯留され、空気搬送により溶融炉に送られる。
溶融炉では、可燃性ガスと未燃固形物を高温焼却させ、灰分を溶融しスラグ化する。</td>
</tr>
<tr>
<td>③立型シャフト式の直接溶融方式</td>
<td>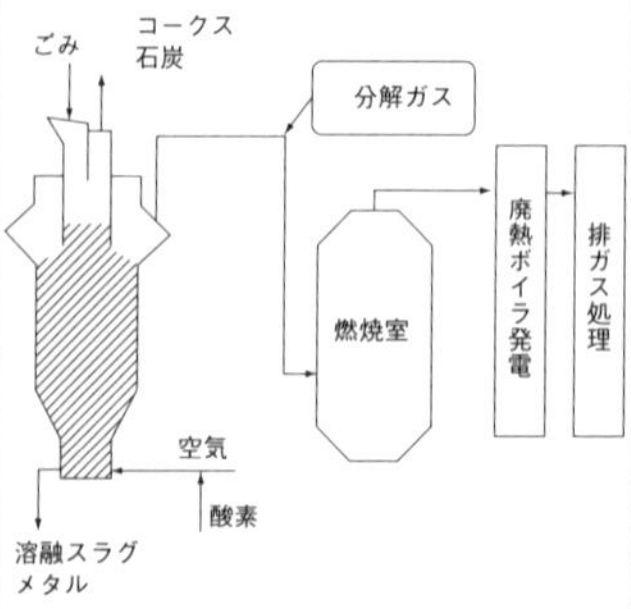
</td>
<td>高炉の原理を応用したごみの直接溶融技術で熱源としてコークスを使用する。
図で示すように、立型シャフト炉の頂部から廃棄物、コークスおよび石灰石を投入する。
立型シャフト炉内は乾燥帯、熱分解帯、燃焼・溶融帯にわかれ、乾燥帯で廃棄物中の水分が蒸発し、廃棄物の温度が上昇するにしたがい熱分解が起こり、可燃性ガスが発生する。
可燃性ガスは、炉頂部から排出された燃焼室で二次燃焼される。
熱分解残さの灰分等はコークスが形成する燃焼・溶融帯に加工し、羽口から供給される純酸素により燃焼して溶融する。
最後に炉底より、スラグとメタルが排出される。</td>
</tr>
</table>

出典）東京都清掃局：都市と廃棄物1998年5月号、東京都清掃局資料

表１　灰溶融炉（都市ごみ）の機種と処理対象物（既存技術）

（1998年3月現在）

溶融方式	溶融原理	メーカー	溶融処理対象物			備考
			焼却主灰	飛灰	（焼却灰＋飛灰）	
自己燃焼熱溶融方式	自己燃焼内部溶融方式	IHI	●（生ごみ）	—	—	
電気溶融方式	プラズマ方式	神戸製鋼所	○	●	○	
		荏原製作所	○	○	●	
		東洋エンジニアリング	○	○	○	
		タクマ	●	—	○	
		川崎重工業	●	—	○	
		日立造船	○	—	●	
		三菱重工業	○	—	○	
		川崎製鉄	○	—	○	
	電気抵抗加熱方式	ABB	—	●	—	
		日本鋼管	●	○	—	
		タクマ	—	○	—	
		IHI	○	○	—	
		日本ガイシ	—	○	—	
	高周波誘導方式	日本ガイシ	○	—	—	
	低周波誘導方式	住友重機械工業	○	○	○	
	アーク方式	大同特殊鋼	●	—	○	
バーナ溶融方式	フィルム溶融方式	タクマ	●	—	○	
		日立造船	○	—	○	
		川崎重工業	○	○	○	
	旋回流式溶融方式	神戸製鋼所	—	○	—	
		日本ガイシ	○	—	—	
	回転式表面溶融様式	クボタ	○	○	●	
	ロータリーキルン式溶融方式	住友重機械工業	●	○	○ ＋産廃可	産廃の実施設あり
		日立造船	○	—	○	
副資材溶融方式	コークスベッド方式溶融方式	新日本製鐵	●	○	○	
		IHI	○	○	○	
		新明和工業	●	○	○	
		古河機械金属	○	○	○	
	シャフト炉式直接溶融方式	新日本製鐵	●（生ごみ）	○		
		日本鋼管	生ごみ	—	—	
		月島機械	●（生ごみ）	—	—	
		住友金属	生ごみ	—	—	
		川崎技研	生ごみ	—	—	
		日立金属	生ごみ	—	—	

注　●実施設での溶融処理対象物を示す。

出典）「ごみ焼却施設・建設の契約の実務」石川禎昭、中央法規出版

表2　熱分解ガス化灰溶融・ごみ処理技術（国内メーカー）

1999年6月現在

熱分解ガス化方式の区分	焼却プラントメーカー	熱分解ガス化溶融方式	開発状況：実施規模・実施施設（●印）規模	開発状況：実証・実施場所等	開発状況：稼動年月
流動床型ガス化溶融方式	(1)荏原製作所	旋回流動床＋旋回溶融炉	20t/日 ● 450t/日＝225t/日×2基 ● 196t/日＝98t/日×2基	荏原製作所・藤沢工場 ●青森RER社、プラごみ等、17,800kW ●都市ごみ（A市）	1997年7月 1999年末
	(2)川崎重工業	流動床＋旋回溶融炉	30t/日	千葉県袖ヶ浦市	1998年3月
	(3)神戸製鋼所	流動床＋旋回溶融炉	30t/日 ● 60t/日	青森県・中部上北広域組合 ●上北清掃センター	1998年8月
	(4)日立造船	流動床＋旋回溶融炉	33t/日	岐阜県・南濃衛生施設組合	1998年9月
	(5)日本ガイシ	流動床＋旋回溶融炉	25t/日	岐阜県・恵那郡衛生組合	1999年8月
	(6)三菱重工業	ガス化炉＋燃焼炉＋熱回収炉＋溶融炉	20t/日、4t/日	三菱重工業・金沢工場	1998年12月
	(7)バブコック日立	流動床＋旋回溶融炉	10t/日	広島県竹原広域組合・竹原安芸津環境センター	1998年9月
	(8)栗本鉄工 (9)三機工業 (10)東レエンジニアリング (11)ユニチカ	流動床＋溶融炉	10t/日	静岡県掛川市 (8)～(11)共同実験	1998年4月
	(12)住友重機械工業	循環流動層（クルップ・ウーデ/独）＋ロータリーキルン	20t/日	自社工場内	1999年
	(13)月島機械	流動床＋旋回溶融炉	20t/日	栃木県内	1999年3月
キルン型間接ガス化溶融方式	(14)三井造船	キルン式ガス化炉＋旋回溶融炉（シーメンス方式）	● 110t/日×2基 ● 200t/日×2基	●福岡県・八女西部 ●豊橋市	1999年3月 2002年

キルン型間接ガス化溶融方式	⒂タクマ	①キルン式ガス化炉＋旋回溶融炉（シーメンス方式、産廃）	● 90t/日	●民間、熊本県内、車のシュレッダーダスト	1998年6月
		②キルン式ガス化炉＋旋回溶融炉（シーメンス方式、一廃）	20t/日	福岡市、都市ごみ、実証炉	1998年6月
キルン型直接ガス化溶融方式	⒃東芝	キルン式ガス化炉＋溶融炉＋ガスクラッキング（PKA/独）	4.5t/日	横浜市 欧州に実施設あり、50t/日、60t/日、240t/日	1998年
	⒄日本ガイシ	ノエル方式（Noell社）		欧州に実施設あり、 120t/日、750t/日	
	⒅IHI ⒆久保田鉄工	キルン式ガス化炉＋回転式表面溶融炉	20t/日	IHI・愛知工場 ⒅〜⒆共同実験	1998年7月
	⒇日立製作所 (21)バブコック日立	キルン式ガス化炉＋溶融炉（ティド/仏）	20t/日	茨城県ひたちなか市清掃センター ⒇〜(21)共同実験	1999年2月
プレッシャー型ガス化溶融方式	(22)川崎製鐵	プレッシャー式ガス化＋溶融炉＋ガス精製 （サーモセレクト/スイス）		欧州に実施設あり、100t/日（実証炉）、300t/日 900t/日（1999年12月）	
			● 150t/日×1基	●千葉市内（産業廃棄物実施設用） 都市ごみ実証用	1997年7月
ストーカ型ガス化溶融方式	(23)日立造船	ストーカ炉ガス化炉＋溶融炉（ホン・ロール/スイス）		ドイツ・ブレーマーハーフェン市 144t/日（実証炉）	

出典）「ごみ焼却施設・ダイオキシンの法規制と対策」石川禎昭編著（99年6月）オーム社。

表3　シャフト炉による直接溶融ごみ処理技術（国内メーカー）　　1999年6月現在

直接溶融方式	焼却プラントメーカー	溶融方式	開発状況		
			実証規模・実施設（●印）規模	実証・実施場所等	稼動年月
立炉方式	(1)日本鋼管	シャフト炉型高温ガス化直接溶融方式	24t/日	日本鋼管・鶴見工場	1995年1月
	(2)新日本製鐵	シャフト炉型高温溶融方式	● 150t/日×2基他	●茨木市他12カ所（実施設、建設中を含む）	
	(3)住友金属	シャフト炉型酸素高温溶融方式	20t/日		
	(4)川崎技研	シャフト炉型酸素高温溶融方式（ピューロックス/昭和電工）	24t/日	尾張東部組合・晴丘センター USA=200t/日	1998年8月
	(5)千代田化工建設	シャフト炉型酸素高温溶融方式（ピューロックス/昭和電工）	—	75t/日×2基（秩父市）	
	(6)日立金属	プラズマ式シャフト炉（Retech/USA）	24t/日	群馬県多野郡吉井町	1998年10月

注1）開発状況は未確認です。

注2）集じん灰のリサイクル（山元還元）は、日本鉱業協会、三菱マテリアル等7社が対応する。

注3）平成11年度より「ごみ処理施設性能指針」（厚生省・生衛発第1572号、平成10年10月28日）により、指針外指針の認可がなくとも国庫補助金申請（厚生省）は可能となる。

出典）「ごみ焼却施設・ダイオキシンの法規制と対策」石川禎昭編著（99年6月）オーム社。

表4　熱分解ガス化溶融炉・ごみ処理技術（欧州）

1999年1月現在

熱分解ガス化炉	プラントメーカー	技術提携先	方式（メーカー方式）	実績	
プッシャー炉型	サーモセレクト社（ドイツ）	川崎製鐵	熱分解ガス化溶融方式（サーモセレクト方式）	サーモセレクト	①100t/日×1基＝100t/日　フォンドトチェ（イタリア）1994年竣工 ②300t/日×3基＝900t/日　カールスルーエ（ドイツ）1999年1月竣工 ③300t/日×1基＝300t/日　アンスバッハ（ドイツ）1999年1月竣工 ④300t/日×2基＝600t/日　テシノ（スイス）1999年竣工予定 ⑤300t/日×3基＝900t/日　ヘルテン（ドイツ）契約済 ⑥150t/日×2基＝300t/日　ヘナウ（ドイツ）契約済 ⑦300t/日×4基＝120t/日　ベルリン（ドイツ）契約済
				川鉄	⑧150t/日×2基＝300t/日　千葉市1999年7月竣工
ストーカ炉型	ホン・ロール（スイス）	日立造船	Duotherm方式		①144t/日×1基＝144t/日　実証炉　ブレーマハーフェン（ドイツ）1997年7月竣工
回転炉型	PKA社（ドイツ） PKAジャパン	東芝	熱分解溶融ガス化システム		①15t/日　実施設（産業廃棄物）（ドイツ） ②60t/日　実施設（都市ごみ）（ドイツ） ③60t/日　実施設建設中（産業廃棄物）（ドイツ） ④240t/日　実施設建設中（都市ごみ）（ドイツ） ⑤ごみ発電付実施設＝12年間稼働中（ドイツ）
	Noell社（ドイツ）	日本ガイシ	ノエル方式		①12t/日　実証プラント（ドイツ） ②120t/日　産業廃棄物（ドイツ）1999年竣工 ③750t/日　ガス変換用（ドイツ）130MWh発電
	シーメンス社（ドイツ）	三井造船 タクマ	熱分解・燃焼溶融プロセス	シーメンス	①ザン　実証プラント（スイス） ②480t/日　フィルト市（ドイツ）撤退
				三井造船	③20t/日　実証プラント（都市ごみ）横浜市 ②110t/日×2基　実施設（都市ごみ）八女西部広域事務組合（福岡県）
				タクマ	⑤90t/日　実施設（産業廃棄物）熊本県 ⑥20t/日　実証プラント（都市ごみ）福岡県

出典）「ごみ焼却施設・ダイオキシンの法規制と対策」石川禎昭編著（99年6月）オーム社。

第一部　主要メーカーの技術を検証する

第一章　トップランナーの威信——新日鉄

ごみの溶融では「二十年の実績」があると新日鉄は言う。だが釜石市（岩手・七九年）、茨木市（大阪・八〇年）のあと、十四年のブランクがあった。息を吹き返したのは、九六年、厚生省のダイオキシン規制以降のことである。しかも自己熱溶融をうたう他メーカーのガス化溶融炉と違ってコークス使用量の多さが問題となっており、二酸化炭素の排出もウィークポイントである。溶融対象も都市ごみだけでなく、医療廃棄物、産業廃棄物もOKというコンセプトに、市民たちの不安が高まっている。

コークスベッド方式とは

ごみの高温溶融を初めて手掛けたメーカーは鉄鋼業界トップの新日鉄である。

一九七四年、北九州八幡製鉄所内に三〇トンのパイロットプラントを設置し、翌七五年には岩手県釜石製鉄所に五〇トンの実証プラントを建設した。七一年に始まった「東京ゴミ戦争」がまだ尾を曳いていた時期であり、廃棄物の中でも最大の難物、廃プラスチックに全国の自治体が振り回されていた頃のことである。一方、高度成長がやや鈍化し、新日鉄自体も業種拡大、ないし業態転換を迫られていた。

ちなみにライバルのＮＫＫ（日本鋼管㈱）はいち早くデンマークのフェルント社と技術提携し、焼却炉市場（ストーカ炉）に進出している。そこで新日鉄は「溶鉱炉技術を活用したごみ処理」という方向を目指したのである。

七八年には新日鉄と東京都、および㈳プラスチック処理促進協会の三者で廃プラスチックを含む分別（不燃）ごみの溶融プラントをつくり、試験研究を行なっている。場所は東京湾の中央防波堤内側埋め立て地であった。

研究試験のプロセスは、

(1)　分別ごみを副資材（コークス、石灰石）とともに溶融炉に投入し、無酸素状態で熱分解したあと、可燃性ガスを生成する。

(2)　ごみの中の不燃分は一四〇〇度の高温で溶かされ、水槽に落ちてスラグとなる。

(3)　スラグは一時間ごとに炉底部より出滓される。

というものであった。試験研究の期間は七八年一月から七九年の十二月までの二年間だったが、東京都による実証結果の評価は必ずしも芳しいものではなかった。

ちなみにその時の処理ごみ量が一日当たり四〇～五〇トンに対し、コークス使用量はごみ一トン当たり八〇キログラム、石灰が二〇〇キログラム、純酸素が一〇〇立方メートルとなっている。

東京都のレポートには、「使用するコークス、石灰、酸素等の副資材などのコストが割高となり、間欠出滓（炉内に溶けたスラグを溜め、時間が来たら炉の底を開けて一気に出滓するやり方）のためスラグがスムースに流れない」などの記述がみられる。

共同研究だからあまり厳しい表現ではないものの、ただちに実用化可能を示唆したデータとはいい難かった。

この点について新日本製鐵㈱・長田守弘環境プラント技術部長は次のように釈明する。「コストが割高、というのは事実ですが、あくまで当時の焼却炉と比較しての話ですし、コークスと石灰、さらに羽口（送風口）から吹き込む純酸素など、焼却炉の熱源に比べれば割高だったことも確かです。出滓の件ですが、溶鉱炉はもともと間欠出滓が基本です。一時間に一度、開口・閉塞という製鉄なみの危険な炉前作業が必要ですが、メリットとしては対象物（スラグ）を均一化して品質を高めることができる。そのためには一定時間炉内に溶融物を溜め、いわば熟成させることが必要なのです」。

コークスベッド方式の原理は溶鉱炉とほぼ同じであり、灼熱するコークス層（コークスベッド）から上昇する熱でごみを乾燥・熱分解し、最底部で溶融するというもの（図2）。手順は以下のとおり。

まず最上部の乾燥帯（三〇〇度）を通過したごみは、次の熱分解帯（三〇〇～一〇〇〇度）で熱分解され、可燃分はガス化される。このガスは炉の上部から排出され、後段の二次燃焼室に送られて

図2　コークスベット式溶融炉

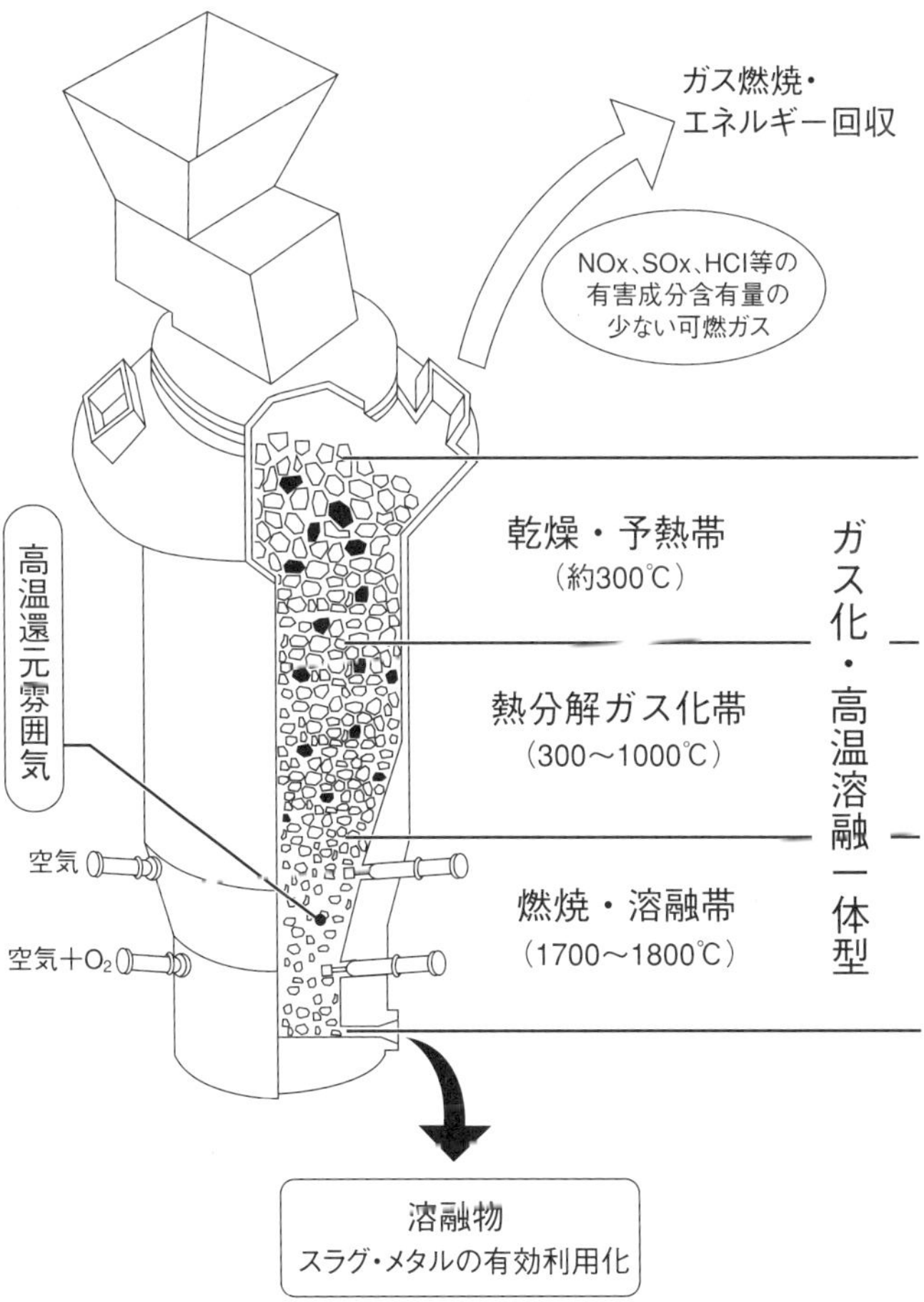

完全燃焼する。
残った灰分はコークスとともに燃焼・溶融帯（一八〇〇～二〇〇〇度）に降下、羽口から供給される酸素で加熱・溶融され、真っ赤に液状化して水槽に落ちる。いわゆる水砕スラグになる瞬間である。

なおコークスとは石炭を蒸し焼きにし、不純物を蒸発させて純粋の固形炭素分にしたものである。発熱体としての熱容量が大きく、高温安定燃焼が容易に得られ、製鉄用高炉、キューポラなど金属精錬・溶解の分野をはじめ高温熱源として多用されている。コークスといっしょに成分調整剤として使用されるのが石灰石だ。

溶融対象となる焼却残渣は、一般に二酸化珪素（SiO_2）が酸化カルシウム（CaO）に対して多く含まれるため塩基度が低く、溶融状態での流動性が悪い。従って塩基度調整剤として石灰石を添加することにより流動性を高め、溶融物の安定出滓を促進させることができる。

最初の実験都市――岩手県釜石市

東京湾における共同実験の成果が必ずしも十分とはいえなかった一九七九年〝新日鉄の企業城下町〟岩手県釜石市で日本初のコークスベッド方式溶融炉が正式稼働した（写真1）。「企業の威光で強引に押し込んだ」わけでもなかろうが、他の都市だったらまず考えられぬできごとである。

一九七九年ごろの釜石市は人口約六万六〇〇〇人、六〇年代始めの九万二〇〇〇人に比べれば大

写真1　日本ではじめてのごみ溶融炉（岩手県釜石市のコークスベッド方式）

変な落ち込みようで、鉄鋼不況の深刻さが改めてうかがわれる（現在はさらに減って約四万八〇〇〇人程度）。

それまで、釜石の焼却工場は市街地に近い小学校の傍にあったが、これがとんでもない焼却炉で、「煙突から出る煙より本体から出る煙の方が多かった」ほどの欠陥商品であった。風の向きで煙と悪臭が市街地にまで達し、ごみは半分しか燃えず、ついに住民からの苦情で工場そのものの存続が危うくなったのである。

そこで工場はさらに辺鄙な場所に移らざるを得なくなり、そんな時、新日鉄から溶融炉の話が持ち込まれた。市街地近くだったら拒否反応が出るに違いない実験炉を据え付けるには格好の立地条件であった（JR釜石駅からタクシーで二〇〇〇円ほどの山間部）。

溶融炉（五〇トン／日×二基）が入ったあとの釜石市の清掃事業は一変する。

普通の焼却炉は文字通り〝燃やせるごみだけを燃やす〟のだが、溶融炉は不燃物でも粗大ごみでも、缶でもビンでも新聞紙・雑誌も投入でき、電池・蛍光灯など有害ごみもそのまま入ってしまうのである。

九九年八月、ここを訪れた時、工場裏手には冷蔵庫、琺瑯(ほうろう)浴槽、バイクなどが山と積まれ、併設の粗大ごみ処理施設で破砕された上、溶融されていた。

「水銀？　そりゃ（煙突から）出てるでしょう」と担当者はこともなげにいう。鉛、砒素、カドミウムなどの排出も避けられないが、付近に人家がほとんどないことが救いである。仙台市から引っ越してきたという年配の女性が「なんでこの市は分別を徹底指導しないのか」と怒鳴り込んできたこともあったという。ただし最近は全国的に分別の風潮が出てきたので、釜石市でも資源物（缶、ビン、雑誌新聞紙類）は月一回、市が集めてまわるようになった。

建設コストは七九年当時でトンあたり九五〇万円（表1）。現在の水準に直すと約六〇〇〇万円ぐらいになるだろうか。ランニングコストはごみトンあたり二万九〇〇〇円程度かかっている。

出滓のトラブルもあった。漁業廃棄物として大量に入った貝殻がよく溶けず、飴状に固まったのである。

出滓方式は間欠方式だから一時間に一回、厳重な防火服に身を包み、ヘルメットと遮光メガネで武装した作業員が鉄の棒を持って出滓口をあけ、掻き出し作業を行なう。清掃現場というよりまさに製鉄現場であった。そのため、作業員約二〇人はすべて新日鉄の関連会社からの出向で、市の職員は所長をはじめ三人のスタッフのみ。

当時、耐火レンガの寿命は短く、一年に一回は交換しているという。ちなみに新日鉄溶融炉の運転は例外なく関連会社が請け負っているが、これは新日鉄のリストラ対策で、危険な炉前作業ができない人も収集運搬部門で雇ってもらえるのだという。

現在、埋め立てに回るのは薬剤処理している飛灰（ごみ総量の二％）だけで、処分場のある釜石市北方の大槌町に引き受けてもらっていた。逆に大槌町のごみは、九八年度から釜石市で処理している。将来の広域化計画の先取りであった。

鉄分はスラグと分離され、カウンターウェイト（秤の重し）として売却する。炉内はいきなり高温になり、鉄分と他の金属（銅やアルミ分）がいっしょくたに溶融されるので、純鉄や純アルミにならず、前述のとおりカウンターウェイト程度にしか使えない。

スラグについては九四年度まで処分場に埋め立てていたが、現在はアスファルト骨材として売却している。

問題のダイオキシンだが、九六年の測定では一立方メートル当たり一〇ナノグフム（一ナノは一〇億分の一）となっていた。排ガス濾過装置が電気集塵機（ＥＰ）なので、再合成した可能性が大きい。目下最大の課題はこのダイオキシン減らしであり、約九億円かけてＥＰをバグフィルター（その後に触媒をつける）に変えるなど、改修費全体で一五億円が計上された。釜石市の一般会計予算が約二〇〇億円だから、その七・五%がダイオキシン対策費となった勘定だ。ちなみに釜石のような既設炉（時間当たり四トン以上処理）は二〇〇二年十二月一日までに一立方メートル中の排出量を一ナノグラム以下にするよう義務づけられている。

このほかに飛灰処理は現在の薬剤（フェライト）からキレートという高価な薬品に替えるため、この費用が三〇倍に跳ね上がる予定である。「何しろ値段があってないようなもので、メーカーが一〇〇万円といえば一〇〇万円出さなきゃならないんです」と担当者が苦笑したのが印象的であった。

「ガス化溶融」という言葉

ガス化溶融炉とはキルン（回転窯）や流動床炉を使って熱分解ガスを発生させ、そのガスによる「自己熱」で熱分解残渣（カーボン、灰分、タール分など）を溶融するプラントのことである。後述する三井造船㈱や㈱荏原製作所のプラントがそれであり、新日鉄や後発のＮＫＫのような溶鉱炉技術を使ったタイプは、直接溶融炉ないしシャフト炉といってガス化溶融炉に分類しないのが普通である。いい換えるならキルン型や流動床炉型は「ガスの部屋」と「溶融の部屋」が二段構えになったプラントであり、その分だけ機構や運転は複雑化せざるを得ない。

一方、コークスベッド型の特徴は発生した熱分解ガスを溶融には使わず、炉の上部で燃やしてしまう二次燃焼室を設けている点にある。キルン型や流動床型のように発生ガスで溶融するという方式では、コントロールを誤るとスラグの質が悪くなるか、ガスの燃焼が不完全になるかのどちらかになる、と前出の長田氏はいう。温度を上げないとうまく残渣が溶けず、吹き込む酸素を絞らねばならないからである。安定的な溶融とガスの完全燃焼はトレードオフの関係になっており、両方とも充足させることは至難の業ということだ。

長田氏がつづける。

「我が社の二次燃焼室はあくまで下の領域（溶融）を効率化させるため、上部でガスだけを燃焼させるために設けたものです。従って炉内のガス化ゾーンは九〇〇度から一〇〇〇度と幅広く、当然溶かす対象も産業廃棄物や医療廃棄物まで可能という点がコークスベッド方式の強みとなっています」

その意味では新日鉄方式もガス化溶融炉の仲間に加えて当然と長田氏はいう。だが釜石市にプラントが入った当時は「ガス化」ではなく単に熱分解といっていた筈だが、と水を向けたら、「時代ですよ。いまガス化という言葉がひとり歩きしていますから、私どももそう呼ばないと自治体の指名から外れてしまうんです」と長田氏は苦笑した。

凄絶をきわめた作業現場——大阪府茨木市

釜石市の翌年、すなわち一九八〇年には新日鉄プラントが大阪府茨木市に導入された。公式には伝えられていないものの、当時（八二年）の内部資料によれば現場労働の実態は以下のようなものであった。

「ものすごい勢いで火の粉を噴き出す出滓口への酸素注入作業は防火服を着用していても火の粉が服の隙間から飛込み、火傷が絶えません。また酸素棒が高温のため先から溶け出すにつれて出滓口へ近づくため、千数百度で流れ出る高温のスラグで汗は吹出し、夏場などは気の遠くなるほど耐えられない状態となります。しかも最も大きな問題は炉が安定的に稼働せず、ガス洩れ、炉圧の異常上昇などのトラブルが常時といってよいほど起こり、ついには爆発・火災まで引き起こしているのです」（茨木市職員現業組合・労働安全実態調査報告より）

製鉄現場なら当たり前の炉前作業だが、自治体職員にとっては驚きの連続だった。

この点について長田氏は次のような見解を示す。

「そんなひどい状況だったら茨木市さんから第二工場の発注はこなかった筈で、現在は製鉄を経験した子会社の作業員が従事しています。労働安全上の問題の多くは炉前の粉じんでして、その点は集じんフードをつけて万全を期しています」

茨木市環境衛生センターはJR茨木駅の南東、京都から新大阪へ向かう新幹線沿線のすぐ脇に位置しているが、九六年三月、センター内現工場（第一工場）の傍らに新しく第二工場（一五〇トン×二基）が建設された。総工費は二一三億円であった。なお、九九年四月には第一工場の更新工事（一五〇トン一基）が行なわれている。

第二工場建設の理由は老朽化というより「第一工場の欠陥部分を早く改造したかったため」（茨

木市環境衛生センター）であった。出滓がうまくゆかず、部品が折れたりチェーンが切れたりのトラブルは日常的であったが、急ぎたかったのはバグフィルターの取り付けだったとセンター側ではいう。

ちなみに九六年四月、厚生省が発表した排ガス中のダイオキシン濃度は第一工場（古い工場）で一五ナノグラム、新しい第二工場では〇・〇五ナノグラムとなっていた。バグフィルター以外に第二工場建設でセンター側が新日鉄に要求したのはクレーンの自動化、燃焼管理の改善、発電容量のアップ、脱硝装置の取り付け、などであった。逆にいえば第一工場ではそれらの項目がすべて不備だったことになる。

前出報告書の爆発事故とは如何なるものか。長田氏は次のような見解を示す。

「溶融炉の爆発原因は二つあります。ひとつは真っ赤に溶けたスラグが水槽に落ち込むとき、その水が切れていわゆる水蒸気爆発が起きるケースですが、現実にはあまり考えにくい。二つ目は可燃ガスの漏洩です」

ごみの投入口は二重ダンパ（仕切り）になっていて、まず上の蓋をあけ、ごみを入れて閉める。その上で中仕切りをズラして炉の中へごみを投入することで酸素の流入を防ぐのだが、何らかのトラブルで酸素が入った場合、爆発は避けられない。

「その対策としては二重シールを施し、空間を窒素でパージ（掃除）します。上の蓋と中間のダンパの二段階方式で空気と可燃性ガスのやりとりがないようにするのです」

だが大きなごみが引っ掛かって上部の蓋が閉まらないことがままある。その際は重大事故につながるからエマージェンシー（緊急停止）がかかる筈、と長田氏はいう。ただしそのへんの技術論文までは提供してもらえなかった。

第二工場の建設単価はトン当たり七〇〇〇万円。競争入札ではないからかなりの割高だが、処分場の延命につながることを考えればやむを得なかったとセンター側ではいう。なおランニングコストは年間一六億円ほどになる。

鉄鋼事情に詳しい技術者によると自治体は割高なコストを負わされているという。

まず自治体で使うコークスの単価が高いことだ。製鉄所で使う分はトン当たり一万八〇〇〇円程度だが、自治体に買わせる単価はトン当たり二万三〇〇〇円ほどである。輸送費込みの計算だが五〇〇〇円の差は大きい。ちなみに製鉄所の場合は中国やオーストラリアから安い石炭を輸入し、自社内のコークス工場で製造する。

第二に羽口から送り込む純酸素のコストが割高になっていることである。製鉄所は規模が大きいため、深冷分離という効率のよい酸素製造法が可能だが、自治体では規模が小さいため割高とならざるを得ない。

茨木の溶融炉は高さ約一二メートル。大きな製鉄所高炉の約四分の一ほどである。

エレベーターで工場の地下まで案内してもらうと、厚い特殊ガラスの向こうに炉底部のスラグ排出口が見えてきた。その時である。鮮烈な光景がそこに展開されたのは——。消防隊員が着るような銀色の耐火服に身を包み、遮光板つきヘルメットを頭からかぶった作業員がひとり、五メートルほどの鉄の棒を小脇に抱えてノッシノッシとスラグ排出口に向かって行った。一時間に一度の間欠出滓風景である。釜石よりスケールは大きい。

作業員はやおら長い鉄の棒を排出口に差し込み、グイと引っ張る。その瞬間、排出口から火炎放射器のように炎が噴き出した。その勢いで真っ赤なスラグが水槽に落ち込み、火花が溶接現場のように四方に散った。水砕スラグ誕生の瞬間である。出滓の勢いが弱まると作業員は再び棒を突っ込む。その度に排出口から火炎放射器のように炎が——。

この風景を前に、見学者（自治体関係者）の反応は二分されるという。「こりゃうらで導入するのは無理だ」という驚愕と、「ここまでしなければ問題は解決しないだろう」という納得である。見学にこめる彼らの期待はすべてダイオキシン対策よりも、スラグ化による処分場延命にある。

ダイオキシン分解の条件

溶融炉の高温でダイオキシンは苦もなく分解という。それは本当なのか。

長田氏がいう。

「一般にダイオキシンの生成には酸素が必要です。少なくとも還元雰囲気の炉内ではダイオキシンの生成はありません」

だが建設間もない新日鉄溶融炉の試運転現場で、ある技術者がこう話す。彼によると、一次燃焼室で排ガスの温度が上がり切らず、ダイオキシンが分解されぬまま外へ出てしまった。そこで二次燃焼室の体積を大きくして滞留時間を長くする工事を施し、ダイオキシンの測定を各ポイントで行なったというのである。

問題はまだ残る。ダイオキシンの再合成である。約一〇〇〇度で二次燃焼室を出た排ガスは二〇〇度に落とされてバグフィルターに入り、そのあと触媒で分解させる仕組みだが温度が二五〇度から二八〇度でないと触媒は排ガスをそのまま通してしまう。そのため再加熱が必要になるわけだが、そこまで二重、三重にエネルギーをかけねば完璧なダイオキシン対策にならないのである。

もうひとつの課題は飛灰の処理である。酸素のない還元雰囲気で一五〇〇度以上の高温という条件下では重金属類（特に鉛）とダイオキシンは排ガスに入って飛灰の方に行く、と長田氏はいう。性状のいいスラグをつくるためであるが、逆に飛灰はそれだけ質が悪くなるのである。

ちなみにダイオキシン対策として厚生省は排ガス濃度だけを問題にしているが、実際に最も多くダイオキシンを含んでいるのは飛灰（八九パーセント）であり、焼却灰、排ガスに含まれるのはそれぞれ六パーセントと五パーセントなのである。

だが問題は飛灰の処理技術がきわめて遅れているということなのだ。

現在、多くの自治体が採用しているのはコストの低いセメント固化であり、それを処分場に入れた後の環境試験は義務づけられていない。

次にコストのかかる方法はキレート処理だが、酸性条件（pH3程度の酸性雨など）によってはキ

表5　新日鉄プラント・稼動および受注状況（2000年7月現在）

注）習志野市以外はすべて随意契約

納　　入　　先	処理能力（t/日）	建設単価（万円/t）	稼動年月日	備　考
1 岩手県釜石市	100	950	1979.05	現在物価水準は当時の6倍程度か
2 大阪府茨木市（第1工場）	450	1200	80.08	現在物価水準は当時の5倍程度か
3 大阪府茨木市（第2工場）	300	7000	96.04	
4 兵庫県揖龍保健衛生施設事務組合	120	8200	97.04	
5 香川県東部清掃施設組合	130	7700	97.04	
6 福岡県飯塚市	180	7700	98.04	
7 大阪府茨木市	150	7200	99.04	
8 福岡県糸島地区消防厚生施設組合	200	6000	2000.04	
9 三重県亀山市	80	9000	00.04	
10 秋田県秋田市	400	5100	02.04	
11 岩手県岩手郡滝沢村	100	6400	02.12	
12 新潟県巻町外三ヶ町村衛生組合	120	6500	02.04	
13 千葉県かずさクリーンシステム	200	6000	02.04	君津、木更津、袖ヶ浦、富津隣しと新日鉄他2社の第三セクター
14 千葉県習志野市	201	6000	03.04	唯一の指名競争入札（市議会が否認したための苦肉の策）
15 香川県東部清掃施設組合	65	7700	02.04	増設分
16 愛知県豊川宝飯衛生組合	130	7200	03.04	
17 愛知県西部環境施設組合	140	6300	03.04	

レートが分解する懸念もある。現に最近の酸性雨はレモン果汁なみという報告もある。

最も確実な方法が鉛や銅などの重金属を析出させる山元還元だが、近くに金属精錬施設がなければきわめて高価となり、およそキレート処理の三倍になるともいわれている。

むろんこの点は新日鉄だけの問題ではないものの、スラグをクリーンにすればするほど有害重金属類が飛灰に移ってしまうという事実は皮肉というほかはない。

破竹の営業展開

新日鉄は現在、〝実績二十年〟を武器に、各地で目覚ましい営業活動を展開している。その状況はまさに一人勝ちといってよい。だがそれは本当なのか。

実のところ、釜石、茨木のあと十四年間にわたりプラントの受注がなく、生産も止まっていた。それが文字通り火がついたように営業が活気づいた理由は、いうまでもなく厚生省のダイオキシン規制である。

従って正確には一九九七年四月に新施設をスタートさせた兵庫県揖龍(いりゅう)保健衛生施設事務組合以後の三年を〝実績〟と見るべきであろう。

表5は二〇〇〇年七月現在のプラント納入状況と建設予定、および建設単価だが、千葉県習志野市を除き、すべて随意契約（随契）となっていることに奇異なものを感じる。

習志野市ははじめ「新日鉄以外にこの技術（直接溶融）を保有する企業がなかった」ため、同社との随意契約一本で臨んでいた。九八年八月、生活環境影響評価調査書を市民に縦覧させ、同年十一月二十日付けで県を通じ厚生省に整備計画書（国庫補助金をとるための添付書類）を提出している。

これに対し同市議会から「現施設（一八〇トン）の改修なら四〇億円で済むところをなぜ一二五億円もかけて過大な施設（二〇一トン）をつくるのか」「ダイオキシンの起因物質を含むプラスチックを熱源とし、蛍光灯、乾電池など有害物質も平気で投入する溶融方式をなぜ採用するのか」「一社だけとの随契は不当」などと異論が続出、特別委員会でこの案件を八対六で否決してしまったのである。九七年七月十五日のことであった。

特別委員会の論議は「町の中に〝溶鉱炉〟をつくる」ことへの疑義が中心だった。ところが市当局は「競争入札にすればいいんだろう」と同型炉を開発していたNKKを対抗馬にして書類を整え、同年十二月、再提出したのである。

その過程でどこからかの懐柔があったものか、二人の委員が賛成に寝返ったため、どたん場で逆転可決に至ったものである。いわばNKKをあて馬にした上での競争入札であった。習志野のケース以外はすべて随契であることに疑いを持ったメディアがあった。

綿密な取材力と調査網を駆使して「それ（随契方式）を可能としたものが経団連会長企業・新日鉄である」と結論づけた『月刊テーミス』（九九年六月、七月、十月、十一月号）である。

技術的にはまだ〝四年の実績〟でしかなく、不透明な部分の多い「新日鉄のコークスベッド炉」がいま破竹の勢いで市場を席巻しつつある。

【資料】

福岡県「三和町の自然を守る住民の連合会」作成のイラストに対する新日鉄の見解

新日鉄・環境水道事業部環境プラント技術部・長田守弘部長

（「　」内はイラスト中のコメント、――が長田氏の見解）

「冷蔵庫、テレビ等家電廃棄物も破砕投入される（これらは重金属の鉛、カドミ、水銀を含んでいます。さらに塩化水素やダイオキシンの元になる塩素系プラスチックをも含んでいます）」

――鉛、カドミが出る可能性はありますが、飛灰側へ行き、濃縮して溜まります。ゆくゆくは山元還元したいと思っています。ただ、水銀が出るとは考えにくい。（仮に水銀が）出ているなら湿式洗煙で取るしかない。あとは活性炭吸着とか。プラスチックは塩素分が入るとまずいけれど、食塩もダイオキシン発生の原因です。むしろ燃焼室で如何に完全燃焼させるかにかかっているでしょう。

「コークスや石灰石も投入される。コークスはごみの約五～一〇％が、石灰石は五％が推定値」

――都市ごみの場合一〇％まではいってません。ごみとコークスの比は、赤飯の中に入っている小豆粒程度です。豊島（てしま）の場合はごみというより汚染物質もしくは不燃物でしたから、コークスも二〇〇kgから三〇〇kgを要したことは事実です。産廃の場合、水分と灰分が問題でして、掘り起こしごみなんかも一般ごみと混ぜ、コントロールしながら処理します。

「粗大ごみ破砕工場の有害物質のガスや粉じん対策はどうなっているの?・?・?」

——電化製品を指していると思いますが、ここからガスなど発生しません。フロンでしたら冷蔵庫から抜き、羽口から吹き込んで分解させます。

「(汚泥は) 有害物を多く含んでいる」

——汚泥の処理に困っている自治体のケースはたくさんありまして、ごみトン当たり一割程度なら入れても大丈夫です。

「重金属類は高温のため蒸気になり、ガスの流れとなって集塵機へいく」

——前にもいったとおり、集塵機へいって濃縮します。

「酸素を三八%まで高めるため、エネルギーコストがたいへんかかる(空気中の酸素は約二〇%である)」

——たしかに空気中の一七%は酸素を富化していますが、これも減らす工夫をしています。羽口を多段にして、下の羽口からは酸素を入れ、上からは普通の空気を入れる。つまりコークスを燃やす羽口と、熱分解残渣であるカーボンを燃やす羽口を分け、上の方は普通の空気を入れてごみ中のカーボンを燃やし、それで熱分解や乾燥余熱を賄うのです。そのことでコークスはごみを溶かすためにだけ限定して、量も減らしながら酸素の量も減らしてゆく。これは釜石の炉で実験させてもらいました。

「ボイラー出口の温度は三五〇℃。これに空気を入れて一七〇℃まで温度を下げます(ボイラーからの排ガス量とほぼ同じ量の空気を入れることになります)。これは有害ガス濃度を半分に下げ、基準濃度をクリアするためだけです。薄めて出すことは技術者として恥じなければならないことです。有害ガス量は全く減りません」

——空気を入れて温度を下げるということはしていません。これは(冷却に)水をたくさん必要で、その噴

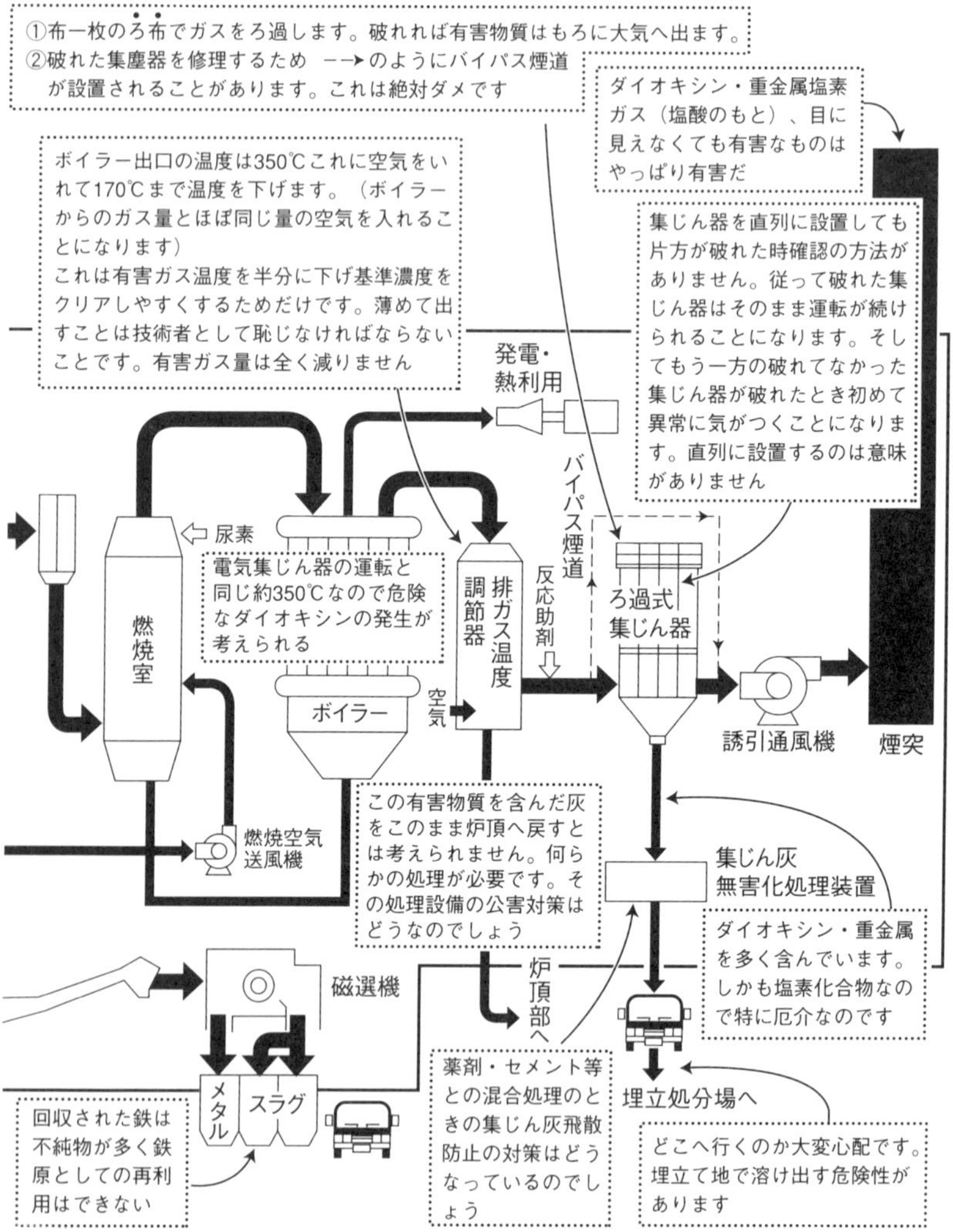
①布一枚のろ布でガスをろ過します。破れれば有害物質はもろに大気へ出ます。
②破れた集塵器を修理するため --→のようにバイパス煙道が設置されることがあります。これは絶対ダメです
ダイオキシン・重金属塩素ガス（塩酸のもと）、目に見えなくても有害なものはやっぱり有害だ
ボイラー出口の温度は350℃これに空気をいれて170℃まで温度を下げます。（ボイラーからのガス量とほぼ同じ量の空気を入れることになります）
これは有害ガス温度を半分に下げ基準濃度をクリアしやすくするためだけです。薄めて出すことは技術者として恥じなければならないことです。有害ガス量は全く減りません
集じん器を直列に設置しても片方が破れた時確認の方法がありません。従って破れた集じん器はそのまま運転が続けられることになります。そしてもう一方の破れてなかった集じん器が破れたとき初めて異常に気がつくことになります。直列に設置するのは意味がありません
発電・熱利用
バイパス煙道
尿素
電気集じん器の運転と同じ約350℃なので危険なダイオキシンの発生が考えられる
排ガス温度調節器
反応助剤
ろ過式集じん器
燃焼室
ボイラー
空気
誘引通風機
煙突
この有害物質を含んだ灰をこのまま炉頂へ戻すとは考えられません。何らかの処理が必要です。その処理設備の公害対策はどうなのでしょう
燃焼空気送風機
集じん灰無害化処理装置
ダイオキシン・重金属を多く含んでいます。しかも塩素化合物なので特に厄介なのです
磁選機
炉頂部へ
メタル
スラグ
回収された鉄は不純物が多く鉄原としての再利用はできない
薬剤・セメント等との混合処理のときの集じん灰飛散防止の対策はどうなっているのでしょう
埋立処分場へ
どこへ行くのか大変心配です。埋立て地で溶け出す危険性があります

	融点℃ 溶ける温度	沸点℃ 沸騰する温度	毒性他
カドミウム	320.90	767.00	
水銀	—38.87	356.90	イタイイタイ病の原因物質
鉛	327.40	1,737.00	有機化合物は水俣病の原因物質
鉄	1,540.00	2,750.00	鉛中毒
銅	1,083.00	2,570.00	
アルミニウム	660.20	2,477±50	

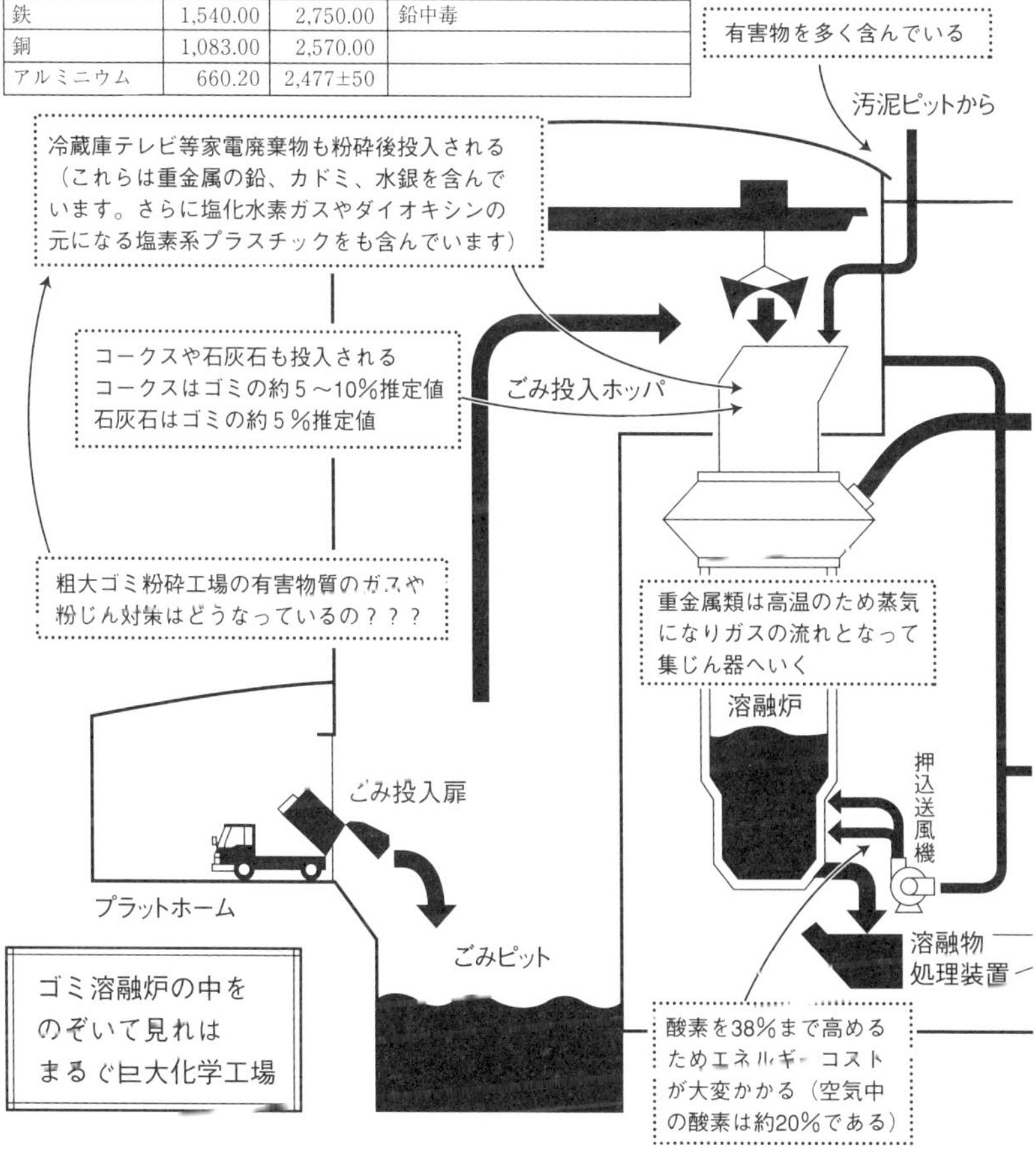
有害物を多く含んでいる
汚泥ピットから
冷蔵庫テレビ等家電廃棄物も粉砕後投入される（これらは重金属の鉛、カドミ、水銀を含んでいます。さらに塩化水素ガスやダイオキシンの元になる塩素系プラスチックをも含んでいます）
コークスや石灰石も投入される
コークスはゴミの約５～10%推定値
石灰石はゴミの約５%推定値
ごみ投入ホッパ
粗大ゴミ粉砕工場の有害物質のガスや粉じん対策はどうなっているの？？？
重金属類は高温のため蒸気になりガスの流れとなって集じん器へいく
溶融炉
押込送風機
ごみ投入扉
プラットホーム
ごみピット
溶融物処理装置
ゴミ溶融炉の中をのぞいて見ればまるで巨大化学工場
酸素を38%まで高めるためエネルギーコストが大変かかる（空気中の酸素は約20%である）

出典）朝倉郡三輪町「三和町の自然を守る住民の連合会」資料より作成

霧に圧搾空気を使っています。このコメントはいいがかりとしか思えません。

「〈廃熱ボイラー〉は電気集塵機と同じ約三五〇℃なので危険なダイオキシンの発生が考えられる」

――たしかに九〇〇℃から一七〇℃に落とすためダイオキシンが再合成する可能性はあります。それをもう一度除去するため、活性炭を吹くとか、バグフィルターのあとに触媒を設けるとかはします。釜石はそのように改造（バグ＋触媒）しました。

「この有害物質を含んだ灰をこのまま炉頂へ戻すとは考えられません。何らかの処理が必要です。その処理設備の公害対策はどうなのでしょう」

――灰のリターンのことですかね。前の方の灰（二次燃焼室と排ガス温度調節器の下部から出るダスト）には重金属は含まれていません。これは目の粗いダストだから炉の方に戻しています。飛ばないように造粒し、ベルトコンベアで炉の中に投入するのです。問題はバグフィルターで採れた飛灰で、処理方法は目下研究中です。塩類が多いからスラグになりにくい。飛灰の本格的処理は山元還元しかないのですが、コストが高すぎる。金属精錬側もようやく乗り気になってきましたが、二次公害という問題もあるのです。

「①布一枚のろ布でガスをろ過します。破れれば有害物質はもろに大気に出ます。②破れた集塵機を修理するため、矢印のようにバイパス煙道が設置されることがあります。これは絶対ダメです」

――〈バグフィルターを〉多段にするかどうかの問題はあるのですが、破れちまったらどうしようもない。むしろ戻す灰と処理する灰を分けるとか、活性炭が入った灰をどうするか、ばいじんリッチなものと塩類リッチなものに分けようとか、そういう面でバグフィルターの多段化が考えられる。使用済み活性炭はもう一度炉に戻して燃やす。もともとカーボンですから……。活性炭はトンあたり三〇万円する。これは消石灰の三倍です。ガス状のダイオキシンを活性炭で吸着させ、バグのあとさらに触媒で分解するとなると相当なコスト高になります。狙うレベルが〇・一ナノグラムならどちらか一方で済みます。ダイオキシン対策が〇・五ナノグラムの時だったらバグフィルターだけで十分だったんですが、現在では再合成を防ぐため、バグ、活性炭、触媒の三点セットになりました。一五〇℃の温度域でも再合成はします。触媒はもともと窒素酸化物の除去に使われていたのですが、それがダイオキシンにも有効とわかりました。触媒の活性を妨げるものは硫黄酸化物などいろいろありますが、運転温度にも影響されます。

【筆者注】

本来、メーカー側にとって住民からの技術批判は不快の筈である。その多くが見当違いであり、住民側の無知が生んだ言いがかりという思いがメーカー側に強いからである。

しかしこのイラストは専門の研究者たちのアドバイスでつくられたものであり、長田氏もその一つひとつにキチンと答えてくれている。

そのやりとりを通じて浮かび上がってきたものの一つが、有害重金属やダイオキシン類は飛灰に多く濃縮する、という事実である。

「還元雰囲気で超高温を維持すれば重金属類は根こそぎ飛灰に移る」と長田氏はいう。しかも再合成されたダイオキシンの九〇パーセント近くが飛灰に移っているにもかかわらず、飛灰処理の現状はせいぜいセメント固化が大部分であり、投棄したあと、処分場の検査は義務づけられていない。セメント固化よりマシというキレート処理はコストが嵩み、しかも強濃度の酸に出会えば分解して中の重金属が溶け出す可能性もあるという。最も確実な処理手法といわれる山元還元はコストにしてキレート処理の三倍はかかるという非現実的な状況だ。最先端技術を誇る次世代型溶融炉といえど最も危険な飛灰の処理には最も原始的な手法に頼らざるを得ないという現実……。技術万能主義の落し穴を見る思いである。

第二章 〝二番手企業〟の市場戦略――NKK

同じコークスを使う方式だが、新日鉄にはだいぶ水をあけられている。そこで技術上、いくつかの差異化方針を取らざるを得ず、その一つが連続出滓であり、さらに棚吊り（炉壁に付着物がつく現象）防止のため、独自の工夫を凝らしていることである。岐阜県各務原市が契約成立第一号。

NKK（日本鋼管㈱）も新日鉄と同じコークスベッド方式だが、システムの上でいくつかの相違点がある。

その一つは棚吊りを防ぐために炉内にコークスを高く積まないこと、第二に新日鉄の間欠出滓に対し連続出滓方式をとっていることである。

棚吊りとは炉壁に溶融物がベッタリ張りつくことで、いわゆるクリンカー（炉の内壁にこびりつく溶融物）のことだが、業界用語で棚吊り現象などと呼ぶ。

NKKが研究開発に乗り出したのは一九九二年で、新日鉄から十八年も遅れた。

九五年、横浜市鶴見区の自社工場内に一日二四トンの実証プラントを建設し、翌年から実証試験を開始している。

全体の工程は新日鉄と大差はなく、図3に示すように上から流動化層（熱分解層）、高温燃焼帯（溶融層）、溶融分離帯・湯溜り、という構成になっている。二次燃焼炉はモデルプラントの敷地が狭かったため、溶融炉から斜めに突き出す形で一体化されていたが、実機では別置型になっている。

新日鉄が間欠出滓に固執するのは炉内でじっくりスラグを〝熟成〟させるためと、耐火材保護の意味合いがあったが、連続出滓で対抗しようとするNKKにはどんな戦略があったのか。同社環境エンジニアリング副部長・有川耕二氏にインタビューを試みた。

〝連続〟のメリット

「NKKのプラントは炉底に二つの口があって、一方の口から（連続で）常時流す仕組みです。難点はスラグが放散によって温度が下がってしまうことで、特に実証プラントでは下がり方が大きく、スラグの出が悪いこともしばしばでした。それを防ぐためにバーナーを出滓口付近に設けてそこを熱しています。もう一方に新日鉄同様、粘土で覆った開口部があって、そこが間欠用の出滓口になっているのです」

つまり間欠と連続の二本建てというわけだ。問題は方式の違いがスラグ中の鉛含有量にどう影響するかであるという。

図３　NKKのコークスベット式溶融炉

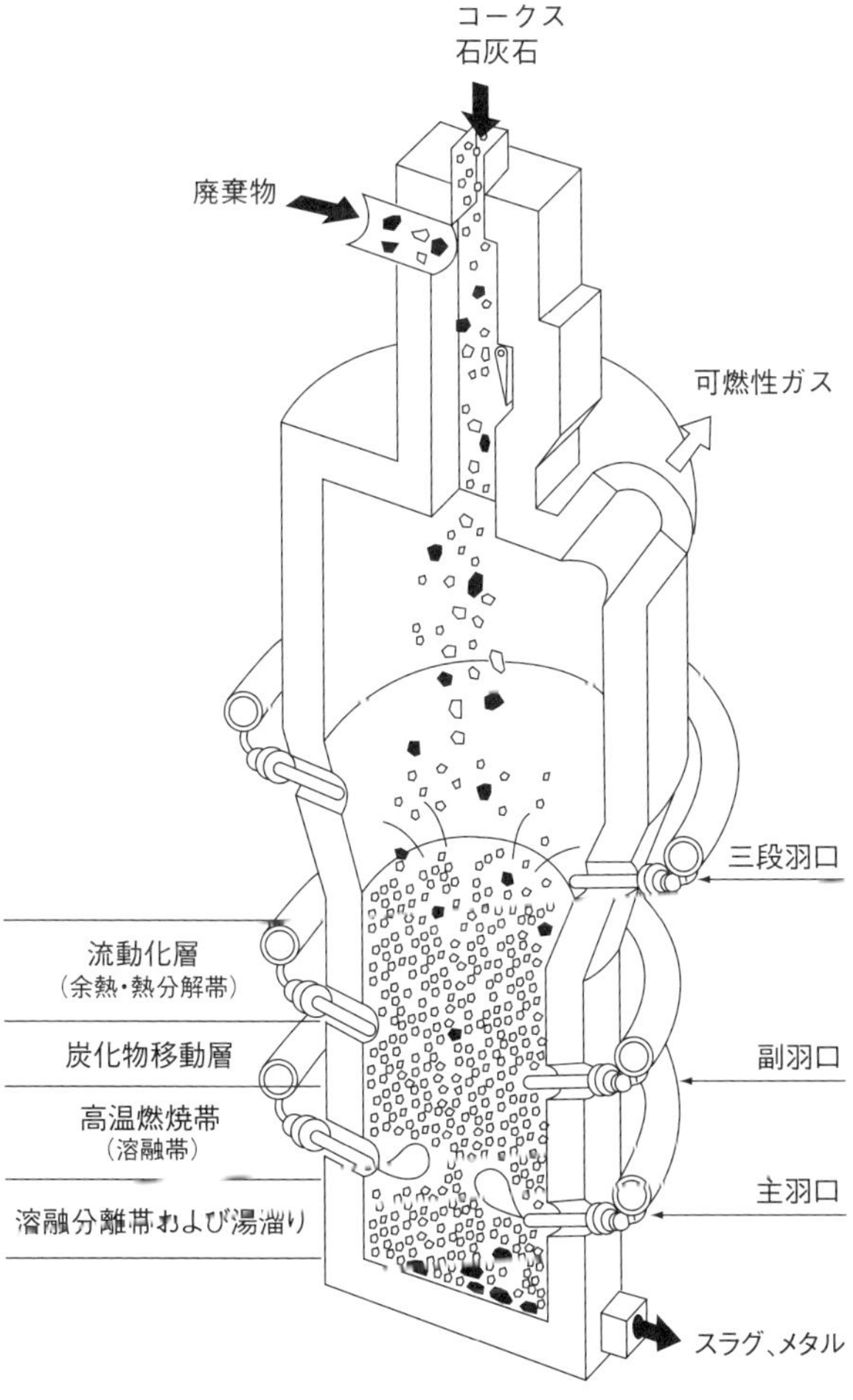

「連続（出滓）だと熟成時間が少ないから鉛を含んだスラグができるのではないか、といわれているようですが、実際にはストンと落ちるわけではなく、炉内に一時間ほど滞留しているのです。重金属を飛ばす機能は間欠も連続も変わりません。鉛と亜鉛は飛灰側にいってメタル（鉄）は下へ行く。鉛の含有量はアベイラビリティ（欧米の厳しい溶出試験）でも大丈夫です。」

　間欠出滓のデメリットは開口、閉塞を一定時間がきたら人手でやらねばならぬことだ。有川氏がつづける。

「鉄鋼の世界では間欠出滓が本流です。しかしごみ溶融については作業員の安全の見地と作業工程の省力化の両面で我が社は連続出滓を選んだのです。ただし炉況が変わったり、炉を止めたい時にはいつでも間欠にできるんです」

　コークスベッド方式は重金属をスラグに残さないところに特質があるという。溶融温度がきわめて高いからだ。ただしスラグの使い道が現在難航している点が問題である。

「アスファルトに混ぜて十分使えます。溶出の心配がまったくないとはいいません。水砕水の汚れがガラス質の中に浸み込んでいますから。溶けきってない場合や溶ける温度が違うなどいろいろあると思いますが、コークスベッドの場合はスラグの中にもともと入っていないのだから心配はない。ガス化溶融炉ということで十把ひとからげにされても困るのです」

　スラグがキレイになる分だけ飛灰が汚れる。その点をどうするのか。

「山元還元が理想でしょうが、当面はキレート処理です。山元還元のコストは少なく見積もってもキレートの三倍から四倍はかかるでしょう」。

キレートの量は灰の中の重金属含有量によって異なるという。

棚吊りとその防止策

炉内でごみが溶け、スラグになって炉底から滴り落ちるまでのメカニズムを聞いた。

「モノが下に行くのは重力のせい（笑い）。熱源は炉の中に入ったコークスとごみ中の可燃分（固定カーボン）です。そこが一七〇〇度から二〇〇〇度になります。一方、ガスは下から上へ抜けてゆく。いわば熱交換です。下からの高温ガスで上にあるごみが暖められて、三〇〇度を超えると燃える成分はガス化します。そこに火がつき、三段羽口から空気を吹き込んで八〇〇度ぐらいにするんです。ガス化によって灰分（未燃分）とカーボンがコークスといっしょに下へ下がります。そこに主羽口から酸素リッチの空気を吹き込んで二〇〇〇度にします。これを連続出滓するんです。不燃物も一三〇〇度ぐらいで溶け出します」。

問題の棚吊りとは。

「うちは対外的には後発メーカーになっていますが、研究開発は二十年も前から始めていたのです。一〇トン炉も製鉄所の中につくり、商品化こそ遅れたものの、新日鉄さんの状況を見ながら手直しをしていました。棚吊りとは技術用語でブリッジングといいます。二十年前も相当これで苦労しました。これも一種の高炉ですから、すでに説明したように上の方が常温、下が超高温になって、きれいな温度勾配ができる。しかし二〇〇度から三〇〇度ゾーンがかなり長くなっています。中が鉄鉱石ならまだしも、ごみの場合はその温度域でプラスチックなんかが炉壁にくっつくんです。そうすると下からのガス抜きが悪くなるし、モノがなかなか落ちにくい。落ちにくさとガス抜きの悪さで閉塞状態を起こすんです。棚吊りが起きるとその下が空洞状態だから、一定時間経って溶融物がドサッと落ちると、圧力や温度変動が起きる。こうした連続的な温度勾配を持つタテ型炉につきものの現象なのです。むろん製鉄でも起きます。鉄鋼業界はそれを防ぐため、精選されたコークスと鉄鉱石を選んできました。だから高炉ではあまり起きませんが、キューポラなどスクラップを溶かす炉では結構起きています」

その意味で棚吊りはタテ型炉最大の弱点といえよう。プラスチック、セルロース、針金などが棚吊りを起こす元凶だという。新日鉄はこの点について明らかにしていない。

棚吊り防止策のためＮＫＫがとった方策がコークスを浅く積むというものであった。二〇〇度から三〇〇度の温度域が悪さをする。そこで浅く積むことによって六五〇度にすればクリンカーは自分から剥落してくれる。つまり流動化と温度上昇で棚吊りを防ぐというわけだ。

コークスを高く積む方式だと、上の部分が三〇〇度程度だから、空気が入って火花が散ると爆発の恐れがあるといわれている。

棚吊り現象は実際の高炉でも稀に起きるという。高炉はいったん動き出したら止めることはできない。だから中を見ることは不可能だ。想像するしかないし、羽口が溶けることもある。高炉に棚吊りが起きた場合、鉄鉱石を減らし、温度を上げて付着物を落とす。溶融炉も同じでごみの供給を止めれば温度が上がり、崩れはじめてブリッジングが落ちる。問題は落ちた時、炉内温度にどんな変化があるかだ。

デメリットをメリットに

溶融炉の本体は高さが一〇メートル、炉の径は約二メートルになるという（モデルプラントの高さは一メートル）。ごみ投入は均一に真上から行ない、コークスは均等に入れる。コークスが燃えると空間ができるが、コークスとごみの量をどう調節するかは完全に試行錯誤だったという。

「新日鉄さんは投入口を二重ダンパ（仕切り）にしていますが、当社では副資材（コークスと石灰）投入口だけが二重になっていますから、空気が多少洩れ込んでも大丈夫です。」

コークスの使用量も新日鉄同様、トン当たり五〇キロが理想というが、ごみ質によって変動は免れない。

有川氏は「コークスを使うデメリット」という言葉を使った。ランニングコストが嵩張る問題や、二酸化炭素の排出を睨んでのことだろうが、「それをメリットに変えるためには溶融対象物の範囲を広げることが必要だった」という。不燃物、産業廃棄物、医療廃棄物はもとより、モデルプラントではシュレッダーダストの溶融実験も何度かやった。二番手企業なるがゆえの頑張りであろうか。シュレッダーダストはカロリーが高い。煙道もかなり詰まった。モデルプラントにはボイラーがなかったから二次燃焼室にも相当の負荷がかかった。

「ごみは難しい。わたしもここへきてごみひと筋ですが、まだまだ分からないところがいっぱいあるのです」と有川氏は笑った。

後日、モデルプラントで一年間働いたという何人かの労働者から当時の経験談を聞く機会を得た。リアルで生々しい語り口から感じたことは、どんなに卓抜で先端的な技術でも、それを底辺で支える原始的労働がなければ成り立たないという、ごく当たり前の事実であった。

キレイごとでは済まない

「僕らみんな破傷風の予防注射を打ってから働いていました。そして、溶融炉のそばはCO（一酸化炭素）ガスが噴出したり、溜まっている危険があるので十分注意するようにいわれていました。炉のフランジ（繋ぎ目）の締め付けが甘いこともあり、コークスなど副資材の投入口からCOガスが逆流する危険もある。炉内は負圧に保つことが原則ですが、炉の状況によって炉内のガスの方が高くなることがままある。うっかり炉の中を覗き込むとガスを吸い込んで死ぬ可能性もあるんです。危ないところにはCOの警報装置が設置してあって、作業員が検知器を携帯することもありました。警報のパトライトが廻ったり、検知器がピ、ピ、となったら、逃げるにしかずですよ」

「鉄をつくる溶鉱炉は百年もかかって今のような自動化が可能になった。むろん作業合理化が目的でしたが原理が同じだからってごみ溶融炉も同じとはいえないでしょう。送風量の変更とか、ごみの投入量を増減するとか、羽口を増やしたらどうなるかとか、製鉄労働者の経験と勘の積み重ねでやってきたことまでいきなりコンピュータで取り込んで自動運転までもっていけるかなーと思うね」

「一度コンピュータの大もとをリセットしちゃった事件があったんですよ。そうなると酸素出てるのか出ていないのかどうかもわからない。イヤーみんな来てくれ、とにかく酸素の元栓だけは閉めろということになって、誰かが走って止めたんですが、結局、五分間ぐらい酸素だけが出っぱなしになってしまった。酸素が出っぱなしだと、最悪の場合、羽口が溶けて手がつけられなくなる。後で考えるとゾッとしましたね」

「炉が不安定になった時、間欠出滓に切り替える時など、溶鉱炉の経験のない自治体の人だけだと難しいんじゃないかな。トラブルの原因をつかんで解決するには生き物のように状況が変わる炉の性格を知り尽くした作業員がどうしても必要だと思うね。職人の言葉でいえば炉の神様みたいな人がね」

「それにね、ごみの投入口が一度詰まるとダンパが閉まらない。ガスを吸わないように気をつけてそれを除去するとか、まさに非科学的な原始労働の世界ですよ。プラントが動くってことはそういうことなんですよ」

「何でも溶かせる、と胸張っていいのかな。シュレッダーダストや農業で使った大量のビニールなんかもぶちこみました。棚吊りを防ぐためコークスは高く積まないっていうんですが、結構付着物は多かったよね。実機ではどうなるのかな。溶かせることは溶かせるんだけどね」

「シュレッダーダストが入るとどうしても炉が不安定になる。バグフィルターの温度管理が難しいんですよ。高温になりすぎるのを止められなくてバグがいかれたこともあった。その時、バグを取り替えるのは生身の人間なんです。真っ白けになってね」

「モデルでは破砕機つけたけど、実機ではつけないようだ。でも大きなごみが入ったらダンパに引っ掛っかかるんだよ。フトンがまるまる入っていたり、材木が引っかかったりとかね」

「連続出滓がＮＫＫの売り物だけど、間欠出滓に切り替えるとか、何かと大変だし、何よりも連続は耐火レンガが傷むんだ」

「この技術はまだまだわからんところがある。出滓口から細かい新聞紙がそのまま出てきたことがあってビックリした。間欠出滓じゃなく連続出滓でガス吹きが強くなった時だけどね。炉の中に特に温度の低いところがあったのかも知れんが、なんぼ何でも一〇〇〇度以上ある炉でしょう。どうやって出てきたのか。むろん炉の調子が悪いときだけというわけだけど。全部均一の温度じゃないってことかな。とにかく不思議だった」

「棚吊りするとかなり温度が下がってしまう。それに棚落としがまた大変なんだ。実機ではそれがないように設計が頑張ってくれると思うけど……。それで層高（コークスの積み方）管理ってことずいぶんやかましくいわれていました」

「都市ごみだけならうまくいくと思うよ。でも新日鉄にかなり水をあけられてるからな。何で勝負するかっていうと、処分場の掘り起こしごみとか、ややこしいごみを扱うことになるよね。シュレッダーダストにはほんとうにてこずった」

「実証試験の中ではさまざまなトラブルや想定外のことが起きる。設備は限られているしあえて厳しい条件にトライすることもあるからね。そのトラブルを一つひとつ潰してゆくのが実証試験というものだろうが、完全に潰しきれたか、評価は難しい。すべては実機にかかってるっていうことだろうね」

「現場のことを営業はわかって売り込んでいるのかな。『こいつを入れればダイオキシン問題は解決』なんてユーザーにキレイごとだけいって売り込んでいるとしたら恐いよね。尻拭いするのは現場の人間なんだから。住民の人が『反対』って叫んでいる中で仕事するのも嫌だしね。ダイオキシンだって完全にゼロではない。といってデータ捏造するわけにもいかんし、何とかいいデータ出てくれって、研究員は祈っていたよ」

「鉄をつくる溶鉱炉作業では、昔は毎月のように人が死んだそうだ。溶けた鉄の鍋に落っこちたり、連続作業だから修理中の機械に巻き込まれたり。だから、金と命の日本コーカンとよばれた。毎年九月一日に、鶴見の総持寺で労災で死んだ社員の合同慰霊祭やるんです。でも、これは社員だけ。さすがに最近は死ぬ人は減ったけどね。労災で傷つくのは下請けが多い」

断っておくが、彼らは内部告発をしたのではない。むしろこのプロジェクトが成功し、業績向上にいくらかでも貢献できればと考えている。それだけにキレイごとではなく、安全性、環境保全性を徹底的に追求さるべきだといっている。

九八年七月、廃棄物研究財団から技術評価書を取得しているので、そのあたりは十分クリアしていると思うが……。

導入契約第一号は二〇〇〇年五月、岐阜県各務原市（人口約一三万人）、第二号は二〇〇〇年九月、福岡県甘木・朝倉ブロック（人口一三万八〇〇〇人）である。

第三章　技術評価書第一号の重み——三井造船

無酸素・低温でごみを熱分解し、発生したガスで残ったカーボン、灰分を溶融するという方式。ドイツ・シーメンス社が開発したこの技術を使い、日本ではじめての実用プラントが福岡県で動き出した。いま、その成否に全国の耳目が集まっている。

二段構えの構造

八〇年代のはじめ、ごみを熱分解し、そこから発生したガスでタービンを回すというプロジェクトが日本で立ち上がった。しかしこれはものの見事に失敗している。その経緯は第四章、第六章で詳しく紹介する。

一方、ドイツの世界的複合企業・シーメンスが熱分解と高温溶融をドッキングさせ、灰分をスラグにすることに成功した。三井造船がシーメンスからその技術を導入したのは一九九一年のことである。その前年に厚生省が公表した「ダイオキシン類発生防止等ガイドライン」を意識したものであろう。

九四年、同社は処理能力一日当たり二四トンの実証炉を横浜市に建設し、約二年間の実証試験を行なって実用化を目指した。

三井造船のプラントはキルン型と呼ばれている。原理は炭焼きと同じだ。

まず、①無酸素状態のまま、破砕後のごみをキルン（熱分解炉）で蒸し焼きにし、発生したガスを次の旋回溶融炉に送る。②熱分解後に出たカーボン、灰分、ガレキ、金属分などの残渣は八〇度以下に冷却したあと、振動ふるいと磁力によって選別する。③残渣中の鉄・アルミは有価物として回収し、それ以外の残渣は一ミリ以下に粉砕の上、旋回溶融炉に送る。ごみ中のセルロース（繊維質の成分）はカーボンになり、揮発性の高い成分がガスとなる。つまり熱分解キルンの中でごみを〝良質の燃料〟に改質（高カロリー化）するのである。

こうして溶融炉に入った熱分解ガスとカーボン、灰、細かな残渣は約一三〇〇度の高温で溶融され、水砕スラグになって回収される。

これまでの焼却炉ではいきなり一三〇〇度という高温は得られにくい。ごみ質の変動が大きく、空気比が過剰となるからだ。空気比とは空気量を一として、燃焼にはその何倍を必要とするかの尺度である。ストーカ炉や流動床炉には一・八から二程度の空気量が必要であり、空気が多量に入るということは排ガスとして持ち出される熱が相当にあるということだ。逆に入る空気が少なければそれだけ高温で燃焼できるということになる。

熱分解と溶融――。コークスベッド以外のガス化溶融炉はこのように〝二段構えのシステム〟になっている点が特徴だ。流動床炉型の荏原製作所も同じである。

三井造船側はいう。

「私どもの技術では外部からの熱エネルギーを一切使っておりません。溶融炉からの熱は空気を熱交換してキルンの熱源にし、溶融の熱源はごみから出たカーボン分と熱分解ガスで賄います」

問題のダイオキシン対策はどうか。たしかに熱分解の段階では酸素が入っていないからダイオキシンの発生はごく小さい。だが排ガス温度を下げる過程では三〇〇度のところを通過させるので再合成もある。

この点について三井造船側は「高速旋回溶融炉で燃焼の3T（温度、滞留時間、攪拌）条件が揃っており、燃焼前にダイオキシンの生成に寄与する金属類を除去しているため、触媒、活性炭などの装置を設けなくても二〇〇二年からの規制値〇・一ナノグラムは軽くクリアできる」という。

もうひとつ同社が特長としているのは排ガス（ばいじん）処理である。すなわちバグフィルターを二つ設置していることだ。

まずNO1のバグフィルターで捕捉した溶融飛灰を九九パーセント溶融炉の中に投入し、スラグ化する。NO2のバグフィルターでは排ガス中の塩化水素を脱塩剤で中和させ塩化カルシウムにした上で脱塩残渣を系外へ排出する。したがって最終処分場に捨てるのはセメント固化した脱塩残渣だけとなる。

「理論的には卓抜なんですが——」。日本有数のシンクタンク㈱日本総合研究所産業インキュベーションセンターの主任研究員I氏がいう。

「モデルプラントに携わった技術者の証言にほぼ共通するのは、ガス化溶融炉の運転管理がきわめて難しかったということです」

中でも課題は圧力管理だという。入ってくるごみの質に応じて圧力にズレが生じる。出てくるガスの特性をみて燃焼管理を臨機応変に操作できるものではない。小さな実験施設でもそうだから実機（実用プラント）になった場合、もっと厄介なことになる。これはキルン炉にかぎらず、流動床炉型でも同じことだとI氏はいう。ストーカ炉ならごみ質が不均一でも燃焼管理で乗り切れるが、ガス化炉ではガスにするための均一性が保ちにくい。ガス化炉とはもともと産業用プラントであり、燃料が均一であることが前提で設計されている。しかしごみは常に変動し、カロリーも違う。そうでなければガスの自燃で溶融は可能だろうが、たとえば生ごみが熱分解炉に多く入ってきたらカロリーが足りない。つまり溶融温度に達しないのだ。これを回避するためにはどうしても助燃は欠かせない。ちなみに自燃とは溶融炉に入った熱分解ガスに酸素を与えて自ら燃焼させることだが、ガスのカロリーが足りない場合、バーナーで加熱させる必要がある。これが助燃である。

「種火だといっていますが、メーカー側は助燃を使うことを隠そうとしています」とI氏はいう。

助燃を使えばランニングコストの高騰を招くことは当然だが、導入する自治体はそんなことは知らない。「八女や豊橋が動き出さないと本当のところはわかりませんが」とI氏は結んだ。

一九九七年時点で技術開発に鎬を削る一九のメーカーの中のうちトップを切って（財）廃棄物研究財団の技術評価書を取得したのは三井造船であった（九六年四月）。

もともとガス化溶融炉は厚生省の「ごみ処理施設構造指針」（廃棄物処理法に定められたごみ処理施設の技術指針）に入っておらず、国庫補助金の対象となるためには指針外施設扱いで、通常二年間実証プラントを運転し、その性能を明らかにしなければならなかった。そこで技術評価を代行する組織として厚生省の外郭団体（というより天下り組織）の前記、廃棄物研究財団が登場したのである。ちなみに国庫補助金の支出要件が性能指針に変わり、ガス化溶融炉もストーカ炉と同じ扱いになるのは九九年度からである。

廃棄物研究財団は九六年十一月、メーカー一九社と大学研究機関、自治体関係者等による「次世代型ごみ処理施設」の開発研究委員会（委員長＝武田信生京都大学教授）を発足させた。

参加した企業は三菱重工業、NKK、荏原製作所、三井造船、新日鉄、日立製作所、三機工業、栗本鉄工所、東レエンジニアリング、ユニチカ、クボタ、住友重機械工業、神戸製鋼所、川崎重工業、日立造船、タクマ、石川島播磨重工業、パブコック日立、月島機械など、日本の環境装置大手の企業がずらり名を連ねていた。

第一号の技術評価書を取得した三井造船は、「三井リサイクリング21」の商品名で九七年七月、福岡県八女西部広域事務組合と最初の導入契約を結んだ。福岡県北東部は新日鉄の勢力圏にあるものの、八女、筑後は大牟田とともに三井資本の勢力圏を形成している。

ついで九八年九月二十四日、プラント導入の話が浮上したのが愛知県豊橋市である。もともと技術評価書は国庫補助金支出のお墨付きではない。だが、交渉先の自治体にそう錯覚させる効果だけは十分にあった。

その豊橋で騒動が起きた。

突如の市長決断

豊橋市（人口三六万人）の焼却炉は三つあったが、うち一、二号炉（一二五トン二基）は一九八〇年の竣工で、九〇年代の中ごろ、建て替えの話が出ていた。

市議会は九六年五月、廃棄物処理調査特別委員会（特調）を設置、市が提示する五種類の炉型式を比較しながら機種更新の検討作業に入った。その時点では「ストーカ炉に灰溶融施設をつける」ことで議会側と担当部署は合意していたという。

だが年あけの九七年二月末、前年十一月に当選したばかりの市長が突如、ダイオキシン対策のため新しい炉を「三井造船の次世代型ガス化溶融炉にする」と〝決意表明〟したことから混乱が始まった。

処理量は一日当たり四〇〇トン（二〇〇トン炉二基）、予算は約二〇〇億円という計画だけが市長から示されただけである。

その時点で技術評価書を取得していたのは三井造船だけということから市長は異例の特命随意契約を結ぶことを表明した。この方式は「緊急性のあるもの」「競争入札では不利と認められるとき」等にかぎり首長の意思で採用できるものだが、当時ガス化溶融炉は一九社ものメーカーが開発を競い合っており、ほどなく荏原製作所とNKKが技術評価書を取得する見通しとなっていた。

市議会内部からは「あと一年待って技術の優劣を比較し、指名競争入札にすべし」という、至極もっともな意見も出たが市長はそれを拒んだ。

こうした一連の動きに危機感を持ったのは多くの市民団体である。

豊橋市はもともと環境先進都市と呼ばれ、日本ではじめて「都市と農村を結ぶ」循環型社会システムを構築した都市である。市民の環境意識も高く、広島市に次ぐ五分別方式導入都市でもある。ダイオキシンの測定数値も一、二号炉が一・四ナノグラム、三号炉が〇・八ナノグラムと、近隣都市より〝成績〟がいい。ダイオキシン対策はまずごみ減量と分別だという市民の意識は強く、焼却炉を更新するなら選択肢を広げ、市民に情報を公開せよと当局側に迫った。

とりわけ市民の懸念は「二四トンの炉が二〇〇トンにスケールアップする時、どんなトラブルが起きるか」にあった。そうした市民の疑念を背に豊橋市議会（特調）は九八年一月、千葉県市原市のモデルプラント（横浜から移設）の見学に赴いた。

その時、三井造船側はスケールアップへの質問に対し、次のような回答を議員団に行なっている。

「（熱分解ドラムは）独フィルト・プラントで一二〇T／日／基が運転され、設計性能に近い運転が出来、基本性能が確認できた」（「三井造船㈱千葉工場実証炉視察調査事項回答書」平成十年一月、原文のまま）。

だが、そのフユルト・プラントが九八年八月十二日、ガス漏れ事故を起こしたのである（回答書ではフィルトになっているが、正確な発音はフュルト）。

現地の有力紙『南ドイツ新聞』が翌十三日に伝えたガス漏れ事故の概要は次のようなものであった。

「事故の発生場所は熱分解ドラムの継目周辺と考えられ、有毒ガスはまずプラント内に充満、ついで外部に流れた。施設の近くにある幼稚園に向かう教員はスモッグの海に幼稚園が沈んでいるように見えたという。事故はその朝八時十七分ごろ起きた。黄色のガスを吸引した職員二人と隣接するメルセデス社の従業員六人が病院へ運ばれ、五九人が被害を受けたことが報告されている。被害は呼吸困難、目の炎症などである。八時四十二分、消防署への連絡が入り、八〇人以上の消防隊員が出動した。周辺三キロ以内については外出禁止となり、戸や窓を閉めて屋内にとどまるよう緊急指示が行なわれた。政府は施設の稼働中止を決め、バイエルン州環境庁、州検察官もこの事故に対し調査を開始した。午前九時半ガスの噴出は止まった」

事態にあわてた豊橋市は助役と担当課長を八月二十日現地に派遣、帰国後の二十七日、記者会見を開いた。シール部の損傷で「塩化水素、シアンなどを含む」（環境事業部長の表現）黄色い有毒ガスが漏れた、という事実は認めながらも、K助役は「三井造船の炉はシーメンス社のものと違い、今回のような事故は考えられない」（『中日新聞』九八年八月二十八日付け）と断言している。

また事故原因として同助役は「（熱分解ドラムから出た鉄、アルミ、ガレキ等の残渣はドラム後方の残渣室に入る仕組みだが）①その部分に金属残渣が詰まりシール部の間からガス漏れを起こした、もしくは、②ドラムから残渣室へのルートに問題が起きた」と答えている（『東海日日新聞』九八年九月三日付け）。

シーメンス社が現地で運転を開始したのは九七年四月であり、本来なら九八年二月フュルト市に引渡しが行なわれる筈であった。だが後述するような機器トラブルがつづき、それは遅れに遅れた。

さらに助役と同行した環境事業部S施設課長は筆者の取材に対し、「三井さんは炉の改良を重ね、新しい取り組みもやってくれた。三井さんの努力を評価する」と語り、今回のガス漏れ事件とは無関係であることを強調した。

「両者（三井造船とシーメンス）は別物というなら助役が現地にゆく必要はなかった」とする市議会内の批判をよそに、豊橋市は九月二十四日、三井造船中部支社との工事請負契約を締結した。

これに先立ち、市長の公的諮問機関である豊橋市環境審議会（会長・佐々木慎一前豊橋技術科学大学長）が、「シーメンス側の情報がないし、市の報告は一方的で説得力に欠ける」とし、公聴会の開催や専門家を集めてプロジェクトチームをつくることを市長に求めたが、黙殺されている。

九八年十月二十一日、豊橋市の市民グループが「新型焼却炉への公金支出差止め訴訟」を名古屋地裁に起こした。裁判はいまなおつづいているが、二〇〇一年度竣工を目指していま、プラント工事は着々と進んでいる。

シーメンスとは違う?

三井造船側は当然のことながらフェルト事故の影響を重視し、九八年八月二十八日、独自の事故報告を厚生省に報告した。

そのポイントは次のとおりである。

シーメンスのプラントは産廃を受け入れ、これを二軸剪断破砕機で粗破砕していた。三井造船方式では都市ごみに近い粗大ごみでも衝撃的破砕機を使うことによって残渣室での不燃物による閉塞傾向が減少される。

今回の事故の起点は残渣室下部の閉塞が挙げられる。すなわちフェルトの残渣排出はダブルダンパ方式をとっているから残渣がそこで止まってしまう。これに対し三井造船方式はスクリューコンベアによる制御方式だから残渣の動きがスムースになる。

シーメンスのプラント（以下フェルト・プラント）では、閉塞現象が起こったあと、それを点検する手段がなかったため、操作員が気付かず、故障の程度を大きくし、残渣の堆積によりシール（封印部分）の破損を招いた。

コメントの一つひとつに説明用の略図がついており、あたかも事故がシーメンス側の一時的設備不良（ケアレスミス）によってもたらされたかの印象だが、実はそれまでにフュルト・プラントは多くのトラブルで身動きできない状態だったのである。

もともとフュルト・プラントは一九八九年、ZAR（ランガウ廃棄物処理組合・フュルト市ほかいくつかの自治体による連合組合）が「環境にとって安全な技術」と評価して導入を決めたものであり、バイエルン州もこれを後押ししている。

この計画が公表されるや周辺住民から二万件にものぼる抗議があったといわれ、彼らがこの〝新技術〟に如何に大きな不安を持っていたかがうかがえる。

その後、ZARは経営権を民間の環境技術会社・UTM（ウンベルト・テヒニーク・ミッテル・フランケン）に移管した。ドイツではこのように自治体が民間の専門会社に運営をまかせるケースが多い。

これについて三井造船の報告書は「二〇〇五年から都市ごみの埋め立てが禁止され、都市ごみが集めにくくなったためUTMから産廃を処理するようシーメンス側に要求が出た。それで産廃を受け入れざるを得なくなった」という分析を行なっている。

だが、UTM側にもいい分があった。

九九年五月六日、UTMの技術担当重役、O・シュバルツマンはミュンヘンにおいてフュルトの事故に関し「変革期の廃棄物経済」と題する講演を行なっている。

それによればフュルト・プラントの最初の火入れは九六年十月に行なわれており、九七年の中ごろには試運転を終え、検収手続きが行なわれる予定だったという。ところが立ち上げ直後から給水系統の圧力異常でクラック（亀裂）が生じ、耐火ライニング（補強材）にもひび割れが出るなど、トラブルが続出した。

九七年四月、熱分解ドラムの加熱管とホルダーの隙間が狭すぎ、運転中に管が締め付けられ、熱膨張によって加熱管にひび割れが起きていた。そこでホルダーから加熱管を外し新しいホルダーを溶接するなどの作業に六週間がかかっている。

こうした大修理のあと運転は再開されたが、目標のごみ量が処理しきれず、熱分解ガス管にも詰まりが生じるといったトラブルが起き、さらに大がかりなプラント改造計画が九八年一杯つづくことになった。その改造ポイントは項目はシュバルツマンが挙げているだけでも二三項目に及んだ。「ところが処理量が増すにつれて運転挙動は悪化し、ごみ投入から不燃物分別まで繰り返しごみ詰まりが発生（中略）、ピットの内容物をすべて掻き出さねばならなかった」（シュバルツマン講演録より）。

こうした混乱がつづく中で問題の九八年八月十二日を迎えた。「ごく少量の事業系ごみを除き家庭ごみだけを投入したのにかなり長い針金類の固まりが出来てしまった。損傷したシールを通って熱分解ガスが大気中に逃げた八月十二日の事故もこれが原因だった」（同前）。つまりこの日の事故はたまたま起きたアクシデントではなく、キルン式熱分解ガス化溶融炉に内在する危うさの集積だったとシュバルツマンはいいたかったのである。

九九年一月、ZARはこのプラントから撤収することを決めた。

全国注視のプラント始動

なだらかな起伏のつづく広大な茶畑の向こうに一九九九年秋、忽然と白亜の建物が出現した。福岡県筑後市の八女西部クリーンセンターである（写真2）。

筑後市（人口四万五〇〇〇人）、八女市（三万九〇〇〇人）、八女郡立花町（一万三〇〇〇人）、広川町（一万九〇〇〇人）、三潴（みずま）郡三潴町（一万五〇〇〇人）、城島町（一万四〇〇〇人）の二市四町で「八女西部広域事務組合」が設立されたのは一九七〇年八月のことである（三潴町と城島町は遅れて参加）。筑後市を中核とする広域組織であり、本来ならそこに県最西端の大川市（四万三〇〇〇人）と大木町（一万四〇〇〇人）が入る筈であったが、この二市町には独自の焼却施設があったため、九七年、不燃ごみ処理を目的に遅れて参加することとなる。こうして「八女西部広域」は三市五町の大世帯となった。当然可燃ごみと不燃ごみの収集人口は異なり、前者が約一五万人分、後者は約二〇万人分という数字になっている。

いうまでもなく〝八女〟の動向は全国の関係者から注目されていた。理由は二つある。ひとつは新日鉄型以外にはじめて稼働するガス化溶融炉であること、もうひとつはフェルトの事故を起こしたシーメンス炉と同型でありながら、「似て非なる」設計技術を施しているという（三井造船側の）主張への関心である。二〇〇〇年五月九日、稼動間もないクリーンヤンターを訪れた。

「問題なく順調に動いております――」。クリーンセンターの若い主査は自信ありげにこう切り出した。

すでに去年（九九年）秋から年末の試運転中に三〇〇〇人の見学者が殺到し、正式稼働後も一日二、三組を受け入れているという。

施設は一一〇トンの処理能力をもつガス化溶融炉が二基（二二〇トン）と不燃粗大ごみを破砕する施設（五〇トン五時間稼働）から成っているが、以前の施設は八四年に改造したタクマの焼却炉（六〇トン二基、合計一二〇トン）と五〇トンの破砕施設であった。

不燃粗大施設にはテレビ、冷蔵庫、エアコン、洋服ダンスなどの家電、家具類が持ち込まれる。蛍光灯、バッテリー、廃タイヤは原則として受けないが、民間業者がパッカー車にゴチャゴチャ積んできたらどうしようもないし、フトン、タタミ、スプリング入りマットレスは人力で切るしかない。可燃ごみは清掃車からピットに投入され、不燃粗大ごみは破砕されたあと残渣になって可燃ピットに〝合流〟する。

クリーンセンターの見学コースは博物館なみの豪華さだった。プラットホーム、熱分解ドラム、発電機などの主要施設は強化ガラスの窓から覗く方式で、ボタンを押すと女性のアナウンスが流れる。ちなみに発電は廃熱ボイラーから四〇気圧の高圧蒸気でタービンを回し、一九五〇キロワットを出力する。

従業員二三名はすべて三井造船の子会社、三造エンジニアリングへの委託で、四名四班二交替制

写真２　茶畑の真ん中に屹立する「リサイクリング21」建屋

である。大半がコンピュータ制御だ。「処分場の延命が最大のメリットです。投入するのは三パーセントか五パーセントの脱塩残渣だけですから」。

だが、すべてが順調というのにその根拠となるデータ、たとえば可燃不燃ごみの搬入量やごみの組成分析、ランニングコスト、試運転中に起きた問題点などの提供については一切外部に出すルールになっていない、と拒否された。

先進的な協定書

「うちの議会じゃあまり関心なかったよ。分担金いくら出しているかも知らない。機種がガス化溶融炉だってことは知らされたが、俺はボイラーやってた関係から高温、高圧のごみ処理なんて物騒じゃないかって質問したら組合から『安全に問題はない。それよかダイオキシンが減るからいまの焼却炉よりいいんだ』という返事だった。」

広域圏に加わる広川町議会議員で厚生委員をしているN氏が苦笑しながらいう。

「そうこうしているうち、工場ができて、『細いヒモは切って出せ』とかやかましいこといってきたから、いってやったんだ。一〇〇億円も金かかってるのに、ヒモひとつでトラブルとは何ごとかってね。」

主な産業と聞かれて「八女茶、仏壇、石灯篭」と答える筑後平野の町々は平和そのものだった。クリーンセンターが建つ筑後市前津という地区では反対運動らしきものはほとんど起きなかった。同じ敷地内には九九年三月まで稼働していた古い工場（八四年改修の前出タクマ准連続炉）が残っている。不意のトラブルに備えるためか、まだ取り壊しの予定はない。そんなことで地元にはあまり緊張感がなかったようだ。

もっとも新施設をめぐる動きが皆無だったわけではなかった。関わった区長があまりに行政寄りだったので三年ほど前、新住民の多い前津の人たちが区長選挙に持ち込んでこれを替え、市側と交渉の上、協定を交わしたのだとN氏はいう。内容としては「処理対象物の制限」「営利目的の産業廃棄物や他地域からの持ち込み禁止」「地域住環境の整備」「施設から排出される公害物質等の検査は行政区を代表する環境保全委員会が立ち合いの上測定し、結果は常時住民に公開する」など先進的な条項が盛り込まれている。

ただしこの協定書は一六組合ある前津区の組長会の範囲にしか配られず、N氏の手元にはなかった。八女市に火葬場、広川町に処分場と迷惑施設が分散され、それぞれの地域事情があるため部外者にはマル秘扱いになっているためだ。

調査から帰ったあと、三井造船本社に「八女西部で試運転中に起きた問題点とその克服過程、モデルプラントと実機における運転操作上の相違など」について取材を申し入れたが、拒否された。「これまで貴殿にはできる限りの情報を提供し、誠意をつくしたにも関わらず、信義にもとる記事を書かれ、怒りを禁じ得ない」というのがその理由である。

信義にもとるとは『週刊金曜日』や、市民団体発行のブックレットでフュルト・プラント事故や豊橋市の住民運動に触れた記事内容を指すものらしいが、ことの性格上メーカーにとって本意を欠く内容であることは当然のことだ。だがそれをもって取材拒否は大メーカーとして狭量のそしりは免れまい。

その後も自治体からの見学者が途切れることはない、という。博多や別府など観光地にも事欠かぬ地の利のよさもある。

第四章　わが社こそ主流――荏原製作所

「無酸素による熱分解は酸素の漏れ込みで爆発の危険がある」と荏原製作所は言う。流動床炉を使い、部分燃焼をさせてその危険を防ぐ、というのがこの方式の特徴だ。現在二〇を越えるともいわれるガス化溶融炉メーカーの大部分が流動床方式である。しかし「本社の工場排水から基準値の八一〇〇倍のダイオキシン検出」が同社の営業展開にどんな影響を及ぼすのか、注目されている。ちなみに荏原製作所藤沢工場の高濃度ダイオキシン排出事件は、一九九八年の環境庁全国一斉調査がきっかけで発覚した。同工場脇を流れる引地川からの検出結果が全国ワースト第三位だったことから、二〇〇〇年三月二十三日神奈川県と藤沢市が立ち入り調査を行なったところ、「同工場が自らの産廃を焼却する炉の排ガス洗浄水が公共雨水管に誤って流れ込み、水質環境基準の八一〇〇倍に当たる高濃度ダイオキシンが引地川を汚染させた」ということが判明した。

文字通りの〝スターダスト〟

「これは従来型流動床炉の欠点を補う技術ではありません」。一九九八年四月、㈱荏原製作所環境プラント事業部のO副部長（当時）はそういった。

従来の焼却技術に対し、次世代型とはこうあるべき、として意図的に開発された技術がガス化溶融炉なのだという。

同社が千葉県袖ヶ浦市に一日当たり一〇トンのパイロットプラントを設置したのは一九九五年のことである。

九七年には神奈川県藤沢市の自社工場敷地内に一〇トンの実証プラントを建設して試運転を開始し、百五日間運転（連続三十日間）により実証データの採取を行なった。そして九八年七月、廃棄物研究財団の技術評価書を取得している。自治体からのプラント受注第一号は埼玉県川口市であった（第二号は山形県酒田市）。

はじめ川口市の場合は、三井造船でほとんど決まりといわれていた。しかし前章でみたフュルト事故が響いたものか、九九年七月二十六日、荏原製作所が一二五億円（税抜き）で落札した。三井造船側の提示価格は一六〇億円余だったという。ちなみに炉の規模は一四〇トン三基である。

「要するにごみのガス化部分に流動床炉を使ったというだけの話です」とO氏はいう。

ごみに熱を加え、酸素を与えなければごみは熱分解を起こす。その結果ガスとチャー（未燃残滓）、タール分、そして灰分が生成されることは前章で見たとおりである。

「熱分解は以前からあった技術ですが、評価は失敗の一語に尽きます」。なぜ失敗だったか。それは熱分解ガスをそのまま都市ガスに使うことを考えたからである。

七〇年代の終わり、通産省は二度のオイルショックを背景に未利用資源の開発を目的とするプロジェクト「スターダスト80」を立ち上げた。荏原製作所もそれに加わり、「ごみの熱分解」実験を行なったが、それは苦闘の連続であった。

熱分解ガスは採取できたが、後段の排ガス処理設備がパニックを起こしたのである。排ガスをとったあとのチャー、タール、そして灰分の除去が予想以上に難航し、プラントの配管などがベタベタになってしまったのである。こうしてごみをガスに利用する目論みは文字どおり〝星屑〟と化した。

にも拘わらず、なぜいま再び〝熱分解ガス化〟なのか。

「コロンブスの卵ですよ」とO氏はいう。なまじチャーやタール、灰分を分離したり、除去しようとしたから失敗した。それなら生成したガスで各成分を燃やしてしまえばいい。つまり熱分解ガスを熱源に成分を溶かしてしまう、という発想である。

ガス化溶融炉は荏原製作所が最も得意とする二つの技術をドッキングさせたものだという。それが流動床炉と下水汚泥の溶融炉である。

爆発の懸念はない?

流動床式焼却炉は都市ごみ分野で国内・海外双方で一〇一件の納入実績があり、下水汚泥溶融はすでに佐世保や前橋で実績を積んでいる。もともと荏原製作所は水処理メーカーであり、「よそ様

写真3　神奈川県藤沢市の荏原製作所モデルプラント

と違って、うちから海外へ輸出しているほどの技術を持っている」とO氏はいう。

流動床炉とは炉中の砂に七〇〇度前後の熱風をかけて沸騰させ、廃棄物を焼却するじょうご型のタテ型焼却炉である。ごみ中のガレキや金属などの不燃物は沈むが、軽い可燃物は高温の砂中に浮遊し、短時間で乾燥、着火、燃焼する。不燃物は砂とともに炉底から排出され、新しい砂が上部から補給される。

だが都市ごみでの稼働実績はストーカ炉より短く、現場作業員の間では燃焼管理の難しさから敬遠するケースも多い。

通常の流動床炉は角型で、左右に不燃物の抜き出し口が設けられているが、荏原製作所ご自慢の無破砕式流動床炉は円型で、三六〇度の抜き出しが可能となっている。「抜き出し力の強さが我が社の特徴なんです」とO氏。それも破砕機がないからだという。

破砕機を設けた場合、刃こぼれ事故が避けられず、その分、ごみ供給の能率は落ちる。無破砕で抜き出し力が強い。この特長が流動床炉をガス化炉に転用できる決め手だったという。

「キルン型の場合、無酸素ですから空気が入れば爆発の危険があります。我が社は五〇〇度から六〇〇度で砂に熱をもたせ、一部を燃焼させるので、無酸素ではありません」

廃棄物研究財団に参加しているメーカー一九社（九八年当時）のうち一三社が流動床炉タイプになっている理由は操作のフレキシビリティにあるとO氏はいう。

すなわちキルン型は伝熱管を使って外側から加熱させる。一方、流動床型は砂を加熱させる方式だ。同じ熱分解を目的としながら両者にどんな違いがあるのか。

「流動床型は下から入れる空気を増やすと砂が活発に攪拌され、伝熱率も上がります。逆に空気を絞ると砂の動きが緩慢となって伝熱率と攪拌力は小さくなる。こうしたコントロールがノズルを通して簡単にできます。また流動床型はキルンと違って部分燃焼しているから、空気が漏れ込んでも爆発の心配はありません。しかもキルン型間接加熱方式では伝熱面積はすでに決まっていますから少々いじっても伝熱量は変わらないのです」

空気比が少ない理由

ガス化につづく工程は下水汚泥専用の「メルトックス」をベースにした旋回溶融だ。九五年、長崎県佐世保市にはじめて納入、翌九六年に群馬県前橋市に入った同社自慢の最新鋭機器だという。

炉本体はタテ型の一時燃焼室、傾斜型の二次燃焼室とスラグ分離部、そして再びタテ型の三次燃焼室で構成されている（図4）。

流動床式ガス化炉で生成され、一次燃焼室に吹き込まれた可燃性ガスは燃焼空気といっしょに旋回しながら高温燃焼し、溶融スラグは炉内壁を伝って二次燃焼室に落下し、傾斜に沿って流下する。

「旋回という言葉どおり、排ガスがグルグル廻りながら入ってきます。すかさずそこに空気が多段で吹き込まれるのです。燃焼したいのに燃えきれなかったガスが、ここで空気を与えられるから一気に燃え上がるというわけです」。その温度は一三〇〇度以上になり、ダイオキシンは苦もなく分解する。

すべては〝高温〟がキーワードだとO氏はいう。ガス化溶融炉開発の最大の目的が高温によるダイオキシン分解だからである。

では従来型の焼却炉で一三〇〇度の高温を出すことはできないか。それは無理である。理由は二つ。ひとつは炉全体を高温にすると炉壁にクリンカー（付着物）ができる、つまり半溶融状態になってしまうのだ。それを防ぐため、厚生省の旧構造指針は焼却炉出口の温度上限を九五〇度と定めている。超高温による重金属類の揮散や窒素酸化物の排出も懸念され、耐火レンガの損傷という問題もある。

第二に、完全燃焼を図るためにはたくさんの空気を送り込まねばならないが、その過剰な空気が逆に温度を下げてしまうという矛盾が起きる。つまり従来型の焼却炉は構造的に一〇〇〇度以上にならない仕組みになっているのだ。

過剰空気を送り込む、これを「空気比を上げる」などと表現する。理論空気比をゼロとした時、送り込む空気がその何倍になるかで表わす。通常、連続ストーカ炉では最大一・八程度と約二倍になるが、ガス化溶融炉の空気比はおおむね一・三である。

「その程度の空気比で済む理由は、ガスをつくる機能と燃やすだけの機能を二つに分けているからで、それがガス化溶融炉の原理なのです。」

図４　エバラ流動床式ガス化溶融炉

熱分解ガス化 灰溶融方式名称	エバラ流動床式ガス化溶融方式
プラントメーカー名	（株）荏原製作所
プラントシステム	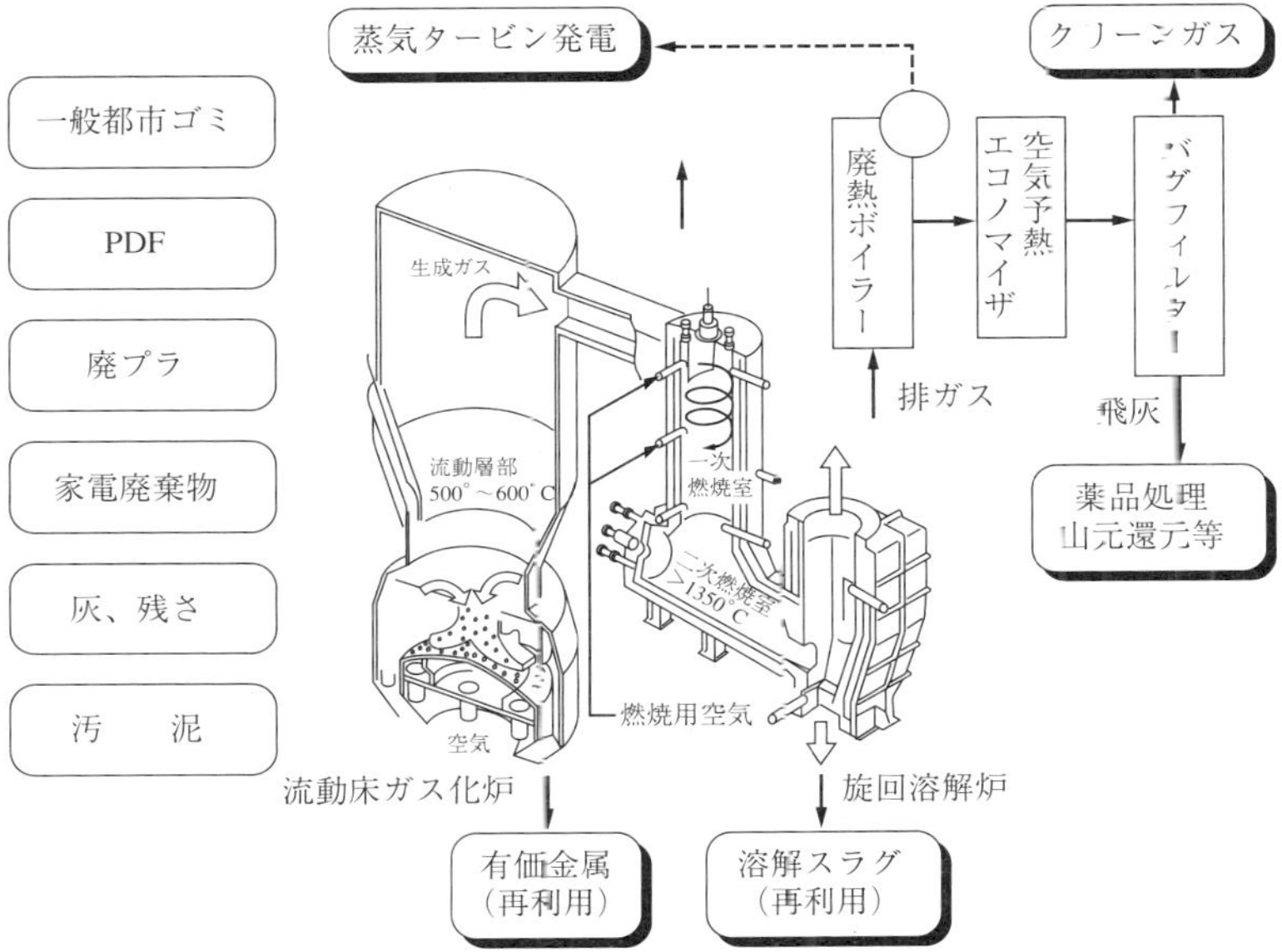

実証中のいくつかのトラブル

これはすべてのガス化溶融炉に共通することだが、容器包装リサイクル法の完全施行で高カロリーのプラスチックごみが減って全体が低カロリー化し、〝自ら燃焼する〟ことが困難になるのでは、という疑問に対し、O氏は以下のように答えた。

「生ごみなど低カロリーごみが増えるため、乾燥工程を設けるというメーカーもあるようですが、かなりの問題があります。まず乾燥にともなう悪臭、第二に乾燥作業中に着火の心配があること、そしてダイオキシンの発生です。それにコンパクトが売り物のガス化溶融炉に大げさな前処理設備が必要ということになり、悪臭問題で住民の同意も得られなくなります。」

では荏原製作所の対策はといえば、〝ごみの圧縮〟だという。つまり生ごみを脱水して固形化するというもので、同社ではこれを「エコＲＤＦ」と名づけている。圧縮後に出た水はそのまま放流できないので、二次燃焼室に噴霧する予定である。

排ガスの温度は下がるが、熱回収段階で温度が下がるだけでスラグの生成には影響はないという。それでもガス化溶融炉の圧力変動で、カロリーが上がらない場合、助燃の使用は欠かせないだろうとある有名シンクタンクの研究員はいう。

以上のようにガス化溶融炉の運転は、「原発なみの慎重さが要求される」といわれるほど複雑かつデリケートで、廃棄物研究財団の「技術評価書」でも最後の総合評価の中で安全性の問題に触れ、次のような指摘を行なっている。

「熱分解ガスの爆発性は少ないと考えるが、立ち上げ時には十分な初期パージ（筆者注・炉内をバーナーで空焚きし、乾燥させること）が必要である。また炉内状況の急激な変化時における一酸化炭素を含む高温度ガスの吹き出し等の可能性に対し、実機では安全性に万全を期すことが必要である」

技術評価書は仲間内の褒め合いみたいなもので、基本的には甘くなりがちなのであるが、それでもこれだけの注文がつくというのは異例のことといえよう。またモデルプラントの実証試験中に起こったトラブルについても評価書はこういっている。

「延べ一〇〇日を越える運転を経た中で、給じんコンベアの閉塞（送りの不調）、破砕機のトリップ（一時停止）、セラミック製高温空気加熱器伝熱管の破損等のトラブルがあり実機では十分この体験を生かして反映させる必要がある。」

この指摘についてO氏は、①給じん系コンベアが不調だったことは認めたが、②破砕機のトリップについては、暗に藤沢市から受け入れたごみ質のひどさを語った。大きく固い異物がしばしば入ったという。もともと無破砕がセールスポイントだったが、ごみの定量供給に対する要求度は焼却炉より溶融炉の方が強い。ただ一日当たり処理量一〇〇トン以上の実機なら必要ないだろうとO氏はいう。「溶融炉だからって何でもかんでも投入する、というやり方ではなく、分別を徹底してもらえば自ずと破砕は必要なくなる」ともいう。③耐火物が傷みやすい個所も排ガスが高温で送り込まれるところ、溶融炉で排ガスがターンするところ、ごみが溶けて真っ赤に落ちてくる個所（出滓場所）といろいろあるようだが、特に最後の部分は半年に一回の耐火材交換が必要、とO氏も認めた。

産廃で新技術挫折？

本書発行の時点で、荏原製作所の実機はまだ存在していない（契約自治体第一号である埼玉県川口市のプラントは二〇〇二年十一月二十九日竣工を予定）。しかし都市ごみではなく産廃処理用のプラントがすでに二つ完成している。

実機第一号は九九年十一月、滋賀県栗東町の㈱アール・ディ・エンジニアリングで稼働する筈の産廃用プラント（一日当たり処理量五〇トン）。もうひとつは青森市で二〇〇〇年四月に稼働をはじめた青森ニューアブル・エナジー・リサイクリング（RER）の四五〇トン炉（二二五トン二系列）である。廃プラスチック及び汚泥ガス化溶融発電施設で、これは地元の青南商事と組んだPFI事業の先駆けモデルと荏原側では位置づけている。

ちなみに予定発電量は一万七八〇〇キロワット。

栗東町のアール・ディ・エンジニアリングの場合、処理する産業廃棄物の種類があまりにも多く、中身も輪をかけてすさまじい。まず最も多いのが廃油（三七・一㎥／日）と汚泥（二一・二㎥／日）だが、あとは廃プラ、廃酸、廃アルカリ、紙くず、木くず、繊維くず、動植物残渣、金属くず、ゴム、ガラス、そして感染性廃棄物と何でもありだ。

もともとガス化溶融炉は都市ごみ処理用として開発されたことはすでに見たとおりだが、こうした有害産廃が入った場合の運転管理はどうなるのか。

たとえば廃酸、廃アルカリなど液状廃棄物も最初の熱分解炉に入れるということだが、砂層の流動が果たして保てるのか、感染性廃棄物が入ることでどんな有害ガスが出るのか、など地元住民の不安は大きかった。この業者は町長の親戚ということで、現在使用中の炉（四・八トンの乾留炉）から発生するばいじんや異臭にも十年間耐えてきたのだが、今年（二〇〇〇年）になって新しい事態が起きた。

一月、この業者が所有している安定型処分場から一万五二〇〇ppmの硫化水素ガスが処分場内の深さ九メートルのところから発生し、以後県は硫化水素調査委員会（委員長・武田信生京都大学大学院教授）を設置、あわせてガス抜き作業を行なってきた。ガス化溶融炉はそんな処分場の上に建っている。住民は六月二十八日、厚生省に陳情行動を行なった。

だがその一週間後の七月五日、今度はプラント建設地から数メートル、表層わずか二メートルの地点で、二万二〇〇〇ppmという、致死濃度（八〇〇ppm）の二七倍にあたる硫化水素が検出された。国内最高値である。住民は業務の即刻停止と緊急に安全措置をとるよう滋賀県と栗東町に要求した。

もう一つのプラント、青森RERも二〇〇〇年四月、荏原から引渡しを受ける筈であったが、いまだに〝試運転中〟である。理由はできたスラグが十分固まらないなどバラツキがあること、そこから基準値以上の鉛が検出されたことである。

そこで荏原側はできたスラグを三菱マテリアル系の八戸精錬に送って鉛を析出分離することを考えているというが、コストの壁が立ちはだかっている。周辺住民の要求にも拘わらず、検出した鉛の計量証明書は公開しないという。

都市ごみ用のガス化溶融炉で産廃を処理するにはさらに超えるべき課題は多いようだ。

エコ・インダストリアルパーク

荏原製作所藤沢工場は小田急江ノ島線善行駅近くの高台にある。周辺に住む住民から見ればまさに城を見上げる形になっており、「藤沢は荏原の城下町」をいやおうなく実感させられる。旧藤沢飛行場跡地の広大な敷地には本業のポンプ組立工場や精密機械工場群が林立しているが、モデルプラントは敷地の南側、工場排水の終末処理場脇にあった。隣接の大和市を縦断し、相模湾に注ぐ引地川が目の下を流れる。

二〇〇〇年三月、その川の下流から特別措置法が定めた基準の八一〇〇倍のダイオキシンが検出された。後日、藤沢市が工場内を立ち入り検査した結果「ガス化溶融炉のスラグ水封水からも一リットル中一五ピコグラム、飛灰一グラム中から二四〇〇ピコグラム、飛灰系排水から一リットル中九八ピコグラムのダイオキシンを検出した」との記録を公表している。

取材で藤沢を訪れたのはその前年（九九年）一一月のことであった。

「敷地全体と周辺を再開発し、ソーラー設備を設けます。下水を中水道に使い、緑地に農園をつくってエネルギーセンターを設ける。水も太陽もごみも動員したゼロエミッションの理想郷・エコ・インダストリアルパークができるんです。」

O氏はモデルプラントの頂上に立って将来構想を熱っぽく語っていた。

第五章　ごみからガスをつくる――川鉄サーモセレクト

熱分解ガスで熱分解後の残渣（カーボン、灰分等）を溶融する方式が自己熱溶融である。コークス方式以外のガス化溶融炉メーカーがそれを売り物にしているが、サーモセレクトは熱分解ガスを工業用ガスに改質するところに特徴がある。「飛灰は出さない、ダイオキシンの出る余地がない」がセールスポイントで、自治体の関心がいま異常に高まっている。新日鉄を除き、全国で実用炉が動いているのが三井造船の八女西部広域事務組合と川鉄サーモセレクト（千葉）だけであることも関心が集まっている理由だ。しかし建設場所は川鉄の製鉄所内であり、処理しているのは都市ごみではなく産廃である。つくったガスは製鉄所が使い、燃焼用の純酸素は製鉄所から供給を受ける。果たして普通の自治体がこの技術を使いこなせるのか。

いきなり実用炉

「川鉄サーモセレクト」の特徴はその発想の奇抜さにある。

川崎製鉄も〝鉄屋〟であった。溶融炉の分野に参入する際、コークスを使った直接溶融方式も候補にしたという。だが、「地球温暖化に寄与する化石燃料」という世論への配慮と、大きく水をあけられた新日鉄にいまさら追随しても意味がないという意見がプロジェクトの大勢を占め、これまでにない斬新なタイプの技術をと探し廻った。

川鉄がドイツのベンチャー企業・サーモセレクト社と技術導入契約を結んだのは九七年十一月のことである。

川崎製鉄㈱環境事業部事業推進室の尾上慎一部長がいう。「私どもはトラック競技でいえば二周半か三周遅れていたのです」。

そのハンデを短時日で取り戻すためには実証炉ではなく実用炉を造ってしまおうという結論になり、九八年六月にはすでに千葉の自社製鉄所の敷地内に三〇〇トン（一五〇トン二基）の実用プラント建設に着手しはじめている。

翌九九年二月には千葉県、千葉市との間に共同研究契約を締結。その翌月、本家のサーモセレクト社はドイツ・カールスルーエ市で七二〇トン（二四〇トン三基）という巨大なプラントの稼働に入った。それが第一号機で千葉が第二号機となる。「冒険であることは百も承知でした」と尾上氏はいう。

〝いきなり三〇〇トン〟に踏み切った背景には当時厚生省が出していた「ごみ処理広域化方針」がある。大きいことはいいこと、であった。

ＪＲ内房線の蘇我駅にほど近い埋立地に川鉄千葉製鉄所がある。総面積三〇〇ヘクタール。積年の煤と埃にまみれた陰欝な工場群の果てに、いきなり深紅の建物が出現した。九九年九月に稼働をはじめた川鉄サーモセレクト千葉工場である（写真４）。

工場の稼働スケジュールは二〇〇〇年三月までの半年間、総計一万五〇〇〇トンのごみを千葉市から受け入れ、実証試験を行なう。そのあと㈱三菱マテリアルと共同でつくった合弁会社ジャパン・リサイクル㈱（九八年十二月設立）の手で千葉県内の産業廃棄物を受け入れ〝商売〟をはじめるというものであった。ちなみに前出の尾上氏も取締役の一員になっている。

実証試験の意味はふたつある。ひとつは国庫補助対象施設を決める構造指針が九九年度から性能指針に変わり、自治体が自らの手で性能を確認すればいいという原則になったことだが、自治体側の能力は心許ない。そこで㈳全国都市清掃会議（全都清）がその代行をする事業「技術検証確認事業」に乗り出した。これまで一匹狼で廃棄物研究財団の研究会メンバーにはいっていなかった川鉄が九九年七月三十日、第一号の申請を行なった。その検証確認は本年（二〇〇〇年）三月三十一日に終了している。

もうひとつは二〇〇〇年三月から「ガス改質」という考え方が正式に認知されたことである。これは容器包装リサイクル法の本格施行にともなう再商品化アイテムにプラスチックの油化、高炉還

写真4　千葉市川崎製鉄構内に出現したサーモセレクト工場

元、コークス原料化と並んでガス化が組み込まれたことで一層具体化した。ちなみにガス改質とはごみから発生した不純なガスを脱硫、除湿してクリーンな燃料ガスに精製することである。

「私どものプラントはごみの焼却施設ではなく、ガスを取り出すケミカルプラントという位置づけをしています」とジャパンリサイクルの向後久所長はいう。

サーモセレクト方式の特徴は熱分解で発生したCOガスを工業用ガスに改質するところにある。他社のようにそのガスで灰分を溶融するというやり方ではない。

サーモセレクト社の出た旧東ドイツから産出する石炭は質が悪く、以前から石炭をガス化して使う技術が発達していたという。それをごみに置き換えたところにベンチャー企業の面目があり、その技術は九四年三月ドイツのＪＩＳ認証機関ともいうべき技術監査協会（T.ÜV）の評価書を取得した。

ごみ焼却でなく、ガス製造施設――。その工程は何から何までユニークであった。

四つのプロセス

サーモセレクト方式は「ごみを圧縮」するところからはじまる。その工程は大別して、①廃棄物の圧縮・熱分解、②高温ガス化溶融、③ガスの冷却・精製、④水処理の四つのプロセスから成っている（図５）。各パーツの役割は以下のとおり。

〈廃棄物の圧縮・熱分解〉

ごみをクレーンでホッパーに投入したあと、プレス機に送り込み五分の一程度に圧縮する。ごみの中の空気を抜くことで熱分解効率を高めるためだ。水分は均等にごみの中に拡散する。次に圧縮したごみを約六〇〇度の外熱式熱分解炉（脱ガスチャンネル）で約二時間乾留（蒸し焼き）する。ここでごみは熱分解し、水分や揮発性の有機物がガス化する一方、残りは無機物や金属を含んだ炭化物になる。

〈高温ガス化溶融〉

熱分解でできたガスと炭化物が高温反応炉に入ると、ガスは炉の上部に昇り、炭化物は炉の下部に溜まる。そこに純酸素を炉底部から吹き込むと約二〇〇〇度の高温になって炭化物が溶融される。

図5　サーモセレクト方式

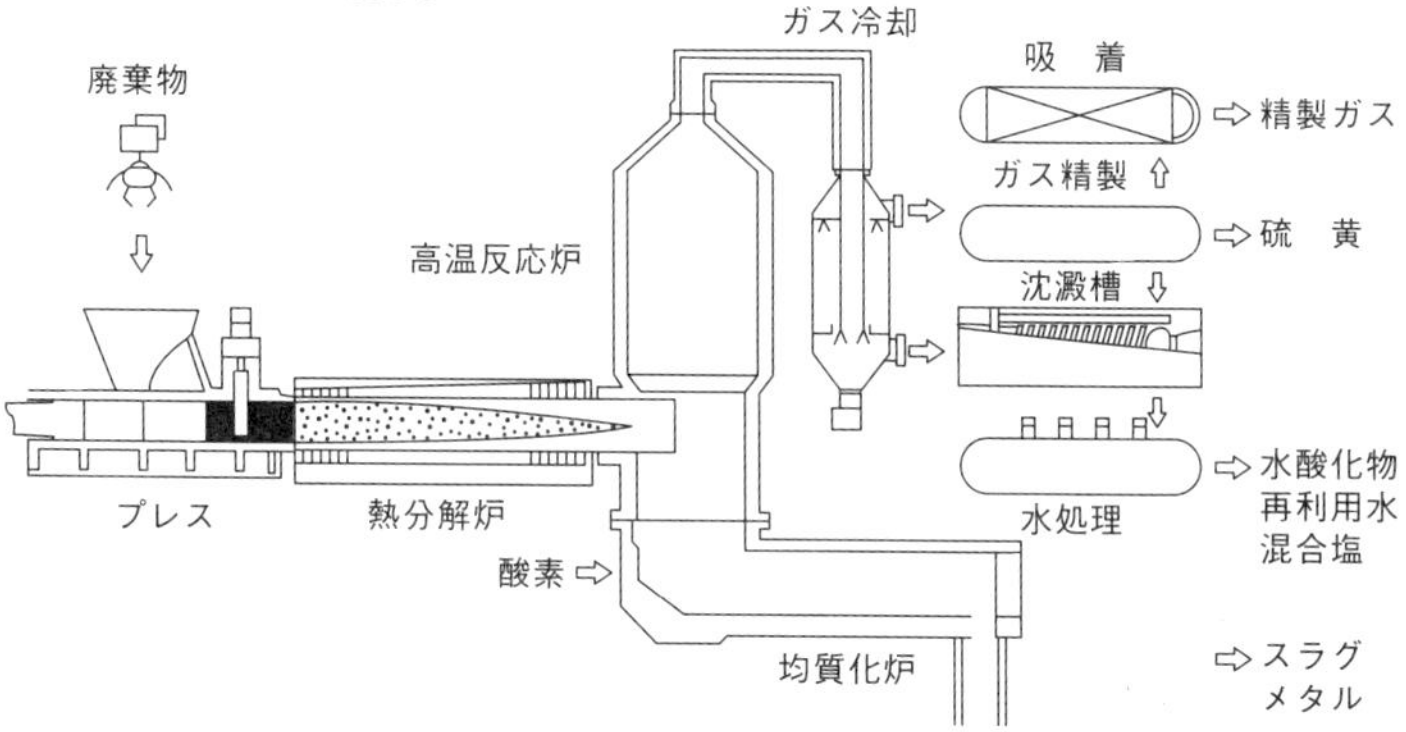

溶融物は次の均質化炉を経て水砕槽に入り、スラグとメタルに分離されて回収される。炭化物の溶融過程で発生したガスが炉の上部で熱分解により発生したガスと混じり合うので、これを約一二〇〇度の高温状態に、約二秒間保ってガス改質する。

〈ガスの冷却・精製〉

タテ型の高温反応炉で発生した一二〇〇度の改質ガスは隣の急速冷却塔に入り、七〇度まで一気に急冷される。同時にガスは酸とアルカリによって洗浄される。これはダイオキシンが再合成しやすい三〇〇度前後の温度域を素早く通過させ、ダイオキシンをシャットアウトすることが目的だ。同時に酸やアルカリでガスを洗浄し、重金属や有毒な酸性ガスを除去する。さらに冷却後のガスから微細な炭素粒子や硫化水素を除去し、クリーンな合成ガスとして回収する。

〈水処理〉

ガスの冷却水やアルカリ洗浄水などを凝集、膜分離、イオン交換などによって無害化するとともに重金属を金属水酸化物として、またごみに含まれる塩素から生成された塩分を混合塩として回収する（以上、川鉄発行の社内誌「アルファ・ケイ」九八年夏号より）。

水、純酸素、ガス改質

ごみ処理というよりケミカルプラントだと川鉄側はいう。事実、これまでの焼却施設より使用する薬品は多く、酸で亜鉛と鉛を洗い、塩素系をアルカリ洗浄するなど、施設全体はまさに化学工場であった。

では他社のプラントと何がどう違うのか。

まず、水が大量に要ること。飛灰というものを発生させず、それをすべて水処理側に移してしまうシステムになっているからだ。そのためバグフィルターなるものが必要ない。二〇〇〇年三月三十一日に終了した全都清の技術検証・確認報告書でも「合成ガス冷却水の低温廃熱の有効利用を期待できない場合は水使用量は多くなる」と指摘している。何しろ急速冷却塔で一二〇〇度から七〇度に落とすにも水を使うのである。ただし、その水収支データは不明である。

第二に溶融工程で純酸素を使うことも特徴のひとつだ。炉底部で二〇〇〇度という高温を出すために純酸素は不可欠である。空気だけでは一〇〇〇度がせいぜいだ。通常の空気は酸素量が五分の一であり、純酸素には窒素分が少ないから窒素酸化物の発生もゼロに近いという。問題は純酸素の入手方法とコストである。「たしかに高いものにつく」ことは川鉄側も認めている。

現在のプラントは製鉄所内にあるから製造コストは安い。深冷分離法という方法で、マイナス二五〇度に空気を冷やし、徐々に暖めながら酸素を分離する。製鉄所など大型プラントで普通に採用している方法だ。では自治体がサーモセレクトを導入した場合はどうなるのか。タンクローリーやボンベで運ぶ方法もあるが、目の玉が飛び出るほどのコストがかかる。

「それには純度はやや落ちますが、空気に圧力をかけ、それを引き抜く時にNとOに分離させるPSDという方法があります。ただし圧力をかけるコンプレッサーに電力を使うのが難点ですが、それは発電で補えばいい」

ちなみにカールスルーエのプラントでは七二〇トンと規模が大きいため製鉄所なみの深冷分離法を採用しているという。

第三に、COガスを改質し、精製ガスにするというコンセプトだ。千葉プラントでは太い配管でそのガスを製鉄現場に送り、発電用に使う。逆に製鉄現場の方から酸素、蒸気などを貰う仕組みだからコストはゼロで済む。みごとなほど、無駄がない。

だが自治体が導入した場合、そのガスでタービンを回し発電するというやり方は煩雑にすぎる。といってガスをボンベに詰めても無意味である。プロパンなら一万キロカロリーあるが、このガスはせいぜい二〇〇〇キロカロリーにすぎない。といって、ここ（川鉄）の現場から出るガスもさほど高カロリーとは思えない。

「従来の焼却炉でやっている廃熱ボイラー方式より発電効率ははるかにいい。それに他の溶融施設が必要とするバグフィルター、活性炭、触媒などのコストが不要です。また他の施設では当たり前のバカ高い煙突をつくる必要はありません。そのあたりをトータルに見ていただきたい」と向後所長はいう。煙突に代わってつくられているのは建屋の上からわずかに首を出している「放散塔」という装置だ。これは緊急に炉が停止した時など行き場を失った生ガスを燃やすことを目的としているが、その場合に必要な公害防止装置の有無は不明である。

トラブルの可能性が考えられる個所はまず耐火物で、交換は一年を考えている。次に飛灰を出さない代わりに水処理に破綻はないか、などいろいろあるが、現段階では最もすぐれた方法であると技術担当役員はいった。

サーモセレクトはベンツ?

千葉プラントは二〇〇〇年三月三十一日、千葉市とのガス化溶融技術共同研究事業を終えた。それによると九九年八月十日からの約百三十日間に搬入したごみ量は可燃ごみが一万四六四〇トン、破砕不燃残渣三二トン、焼却灰九六トンとなっている。

溶融処理後に回収した固形副産物はスラグ一〇八九トン、メタル一〇トン、金属水酸化物七一トン、硫黄六トンで合計一一七六トン。発生ガス量は一〇六六万二〇〇〇立方メートルである。

回収した銅と亜鉛、硫酸を採取するための硫黄はすべて提携会社の三菱マテリアルの直島工場や関連会社に送り、発生ガスはすべて千葉製鉄所の発電に使った。

そして四月から、懸案の産業廃棄物受け入れを開始したのである。

イタリアのデザイナー、マリオ・ボッタの手になるカールスルーエのプラントは屋根全体がガラス張りになっているが、日本では消防法でご法度になっている。ボッタは勝手な設計変更は困るといったらしいが、赤い彩色だけは許可したという。そのプラント脇には廃酸、廃アルカリ用タンク、FRPその他を収納する保管庫が設けられている。

受け入れ産廃の中心は建築廃材で、中間処理を経た可燃残渣、つまり紙とプラスチック類が圧倒的である。

千葉県には燃料や製紙会社など可燃残渣を引き受けるマーケットが多い。川鉄サーモセレクトはその一角に食い込んだことになる。

「うちに頼むと高いといわれそうですが、結果を見てほしいといいたい」と向後久所長はいう。

「たとえばベンツには高級感が、カローラには普及品のイメージがありますね。別にうちがベンツとはいいませんが、完璧に近いダイオキシン低減、ケミカルプラントとしてまったく無駄のないリサイクル、という特性を買っていただきたいのです」。

業務提携のメリット

川鉄、すなわちジャパン・リサイクル㈱は産業廃棄物処理業および特別管理産業廃棄物処理業の免許を取得しており、九九年十二月二日には「千葉県産業廃棄物処理業協同組合（岡林聰理事長・以下組合）」と受注あっせん契約を結んでいる。

同組合は一九八六年に設立され、現在の会員は八〇業者。事業内容は金融、保険、高速道路やガソリン給油のカード化サービスなどであるが、中でも受注あっせん事業が重要な柱のひとつである。今回その目玉としてサーモセレクトへの産廃搬入あっせん事業がそこに組み込まれた。

はじめ組合内部でもかなりの論議があったという。焼却炉を持つ業者の中にはサーモセレクトとの提携をよく思わない人もいたし、「大変なライバルの出現だ」と危機感を隠さない役員もいた。だがサーモセレクトが千葉県のエコ・テクノ・サポート（環境新技術推進制度）の認定を得ていること、何よりもダイオキシンゼロ、エネルギーと資源を回収するトータルリサイクル施設だとの評価が大勢を占め、事業提携に至ったのである。

組合専務理事の千葉鶴見氏が次のようにいう。

「提携による川鉄側のメリットは個別業者と契約を結ぶ必要がないことです。組合が料金支払いの代行をしますから。方法は月末締めの六十日後支払いで、その二日前、個々の業者から料金を組合あてに振込んでもらいます」

個々の業者にはあらかじめ「業務参加登録申込書」を出させ、約二カ月分の預託金を積ませている。川鉄にとっては「おんぶに抱っこ」状態だ。それでも神奈川や埼玉の事業者が川鉄と契約したいため、組合に加入するケースもあるという。

〝出す〟側の論理

現在川鉄に荷を搬入している業者は二五社。大半は建築廃棄物の排出事業者である。そのひとつ、大手建築業者の㈱タケエイ（本社東京都江戸川区）から話を聞いた。

一九九二年、以前は積替保管所だった千葉県四街道市に〝ゼロエミッションを目指す〟大型リサイクルセンターをつくった同社も焼却施設は持っていない。そこで千葉県内の処理業者二社と契約を結んでいたが、今回、サーモセレクトの登録業者となった。

同社経営企画室・大山清悦次長がいう。

「川鉄さんには総量の七割について処理をお願いすることにしました。あとの三割はこれまでどおり二社に搬入しています」。

同社は新築ビル工事から出る産廃を四街道はじめ川崎、横浜などの中間処理場に運んでいる。木くず、紙くず、ダンボール、廃プラ、金属くず、ガレキなどである。

中間処理場では、たとえば木くずの七割程度はパーチクル・ボード（チップを合成樹脂で固めた板状の建材）に再生、残りは製紙原料にする。廃プラは溶融固化し、ガレキは破砕する。

その上で処分すべき最終残渣は千葉県内の自社処分場（二カ所）に送り、焼却分は前記のとおり川鉄等に搬入する。ちなみに川鉄に行く分は一日約三〇トン（大型三台分）で、一三トン程度を二社に送る。問題は料金だ。かつてはキロあたり一九～一〇円だったが、川鉄では二五円となった。

五円の値上げは正直いって痛いが、安全を買う、と割り切ればいいと大山氏はいう。マスコミにもサーモセレクトの内容が紹介され、排出事業者が「最終処分は川鉄へ」と指示するケースも増えている。といって、すべての焼却残渣を川鉄まかせというわけにもいかない。

「これまでのお付き合いもあるし、川鉄だってこける場合もある」（大山氏）というわけだ。

つまり川鉄への全面委託にはいささか抵抗もあるようだ。やはり川鉄に搬入している複数の業者に匿名を条件に電話取材を試みた。

「何でも処理できますという触れ込みだったが、特別管理廃棄物で重金属が多いと断られる場合がある。解体物も投入口で引っ掛かるようなものはダメといわれた。中間処理が不十分だと受け入れない場合もあるし、サンプルの提示をやかましくいってくる。川鉄さんが直接下見に来ていろいろ注文をつける」

だが、逆に見るとこの業界ではかなりラフな受け入れが常識だったということになる。受ける川鉄側だって年間五〇〇〇万円からのメンテナンスコストをかけ、かなりリスキーな仕事をしているのだからその程度のチェックは当然、との思いもあろう。それでもサーモセレクトのような巨大装置は今後ますます必要になる、との意見がライバルの筈の処理業者からあがっている。

変わる業界事情

特定建設業で産業廃棄物処理業の免許も持っているディエス㈱（本社東京都江戸川区）の小松正義

常務取締役がいう。

「サーモセレクトのような大手メーカーがこの分野に入ってくることを私どもは歓迎します。産廃は今後確実に増える。特に介護を要する高齢者の増加で紙オムツを含む医療廃棄物の増加傾向はハンパじゃない。それともうひとつ見逃せないのはすでに不法投棄されて地下に埋まっている膨大な産廃です。今回の常磐新線の敷設地にどれほどの産廃が埋まっていたことか。それを掘り起こして処分するには溶融しかないのです。そこでいま私どもが立てているプランは大手溶融炉メーカーとタイアップして関東五県に大型施設をつくろうというもので、すでに川重、タクマ、クボタさんなどに協力を求めています。いま方々に遊休工場や廃棄プラント、空倉庫、事業転換を希望する会社なんかがあるでしょう。そういうところに提案してネットワークづくりをするつもりです」

ディエスは銚子市近くの東庄町に日本サムテックの混焼タテ型炉（五〇トン／日）を設置しており、このほどばいじん、ダイオキシン対策で施設全体のグレードアップを図ったという。総額二〇億円の投資だ。

前記タケエイも同社に焼却委託をしていたが、七割を川鉄に移した。しかしディエスのように廃プラ焼却能力のある施設は千葉県内には少なく、川鉄による影響は皆無に近い。小松氏によれば、もうこれまでのようなチマチマした焼却業者は淘汰されるだろうという。

千葉県における焼却施設は排ガス規制以前、二一七あった。それが現在一一四（新設一を含む）になっている。激減の理由は休止が三一、廃止が七〇で実に四六％が休廃止という状況だ（ちなみに九九年に発表された全国状況調査では休廃止三四％）。

しかも残った施設も時間あたり二トン未満が九七％と圧倒的で、二〇〇二年の濃度規制をクリアする自信なしが一九施設。

濃度は何とかなってもばいじん除去設備や排ガス冷却装置などコスト増につながる構造基準がクリアできるかどうか不安だという施設も多い。変更許可の内容によっては公告縦覧や市町村長の同意など、煩雑な手続きが必要となる。

増加の一途が予想される産廃を前に処分場もつくれず、焼却施設も前途多難となれば、大規模集約化しかない、との小松氏の意見は至極もっともな話なのだ。

二〇〇〇年六月末までに組合が仲立ちしてサーモセレクトに搬入した産廃の種類と量は次のとおり。廃プラ八九八トン、紙くず二八六五トン、木くず三一トン、動植物残渣一四トン、合計三八〇八トン。

なおシュレッダーダストも処理可能だが、管理型処分場にまだ余裕があるのが気掛かりという。現に管理型に入ったごみを掘り起こし、安定型処分場に搬出する不法投棄まがいの行為が跡を絶たない。

「状況の先取りをしたと思っているが同時にリスクも背負ったことになる」と向後所長はいう。公共関与の強化など国の方針が揺れているせいもある。「それだけに大きな流れの中でガス化溶融炉全体の信頼性が確立されることが急務です。だから八女（三井造船のキルン炉）にはうまくいってほしい。うちはガス改質炉といっていますが、世間的にはガス化溶融炉でいっしょくたになっている。その意味でフェルト事故の衝撃は大きいものがありました」。

いま川鉄は三〇〇ヘクタールの広大な敷地をもてあましている。かつて五基動いていた溶鉱炉もすでに一基だけとなり、株価も一五〇円台を低迷している。

川鉄全体の年商八〇〇〇億円のうち、環境事業部の売り上げは一〇〇億円と一・二五％にしかすぎないが、慢性的鉄鋼不況の中でサーモセレクトが数少ない〝成長産業〟であることは間違いない。環境事業部の人員は総勢約一〇〇人。売り上げの数字を何とかいまの二倍にしたいと尾上氏らはいう。

問題は自治体側に「純酸素、ガス改質、全身これ化学プラント」という特異な新技術を採用する〝革新性〟があるかどうかである。現在までに七〇〇〇人の見学者を受け入れているが、うち二〇〇〇人が産廃業者と排出事業者だという。

（本稿のみ、全国産業廃棄物連合会の情報誌『いんだすと』所収の拙稿「先端技術と産廃業界」をベースに加筆した。）

第六章　十七年目の再挑戦――月島機械

業界事情に詳しい向きなら、このメーカーが八〇年代のはじめ「ごみのガス化」で手痛い失敗をし、企業倒産寸前にまで追い込まれたことを知っている。その月島機械が、いままたガス化溶融炉市場に参入してきた。開発に携わった技術者がいう。「予想されるトラブルの芽はそれがどんな小さなものでも徹底して潰しておいた」。二十年前、新技術の背後にひそむ魔をいやというほど味わった人たちの実体験に裏打ちされた言葉である。それだけに機器の保全性、環境への安全性にかけたコストは他社を抜いている。

手間ひまかかった新技術

月島機械㈱のガス化溶融技術には二つの際立った特色がある。ひとつは流動床式熱分解炉にごみを投入するとき、必ず消石灰を添加すること、もうひとつは溶融後のスラグは水砕ではなく、空冷の上〝石材化〟させることである。

栃木県鹿沼市で九九年四月から現在も実証試験にたずさわっている同社環境エンジニアリング部の片岡正樹部長代理がいう。

「ごみ処理施設は生産プラントとちがって少しのトラブルも許されません。そのためには設備を腐食させる原因のすべてをあらかじめ除去しておくことが必要なのです」

実証プラント（二〇トン／日）のフローチャートを示しながら片岡氏は説明する（図6）。「ごみの熱分解で発生した塩化水素は消石灰と反応して塩化カルシウム（塩カル）になります。その塩カルと熱分解ガス、チャー（未燃残渣）そのほかの細かい無機物が炉頂から排出されてサイクロンに入り、いわゆる固液分離（固体と液体の遠心分離）のあと、固体分は水槽に落ちます」

その結果、塩カルと塩化ナトリウムは水に溶けるが、無機質のチャー、灰分などは水分が乾燥され、ホッパーに溜められる。一方塩類は脱水されたあと、フレーク状になって乾燥材や除湿材に再利用される。こうして塩素分の九〇パーセント以上が除去され、ダイオキシンの発生する余地はないという。

他社プラントにくらべ必要以上に手間ひまかかっている印象だが、ここまで月島機械が〝不純物除去〟にこだわる理由はなにか。

そこには同社の手痛い失敗の過去があった。

一九八一年、当時の最新鋭技術を駆使したプラントが再三のトラブルに見舞われ、危うく倒産寸前に追い込まれるという苦い体験があったのである。

そのプラントとは二塔循環流動層熱分解炉（略称・二塔流分解炉）。納入先の自治体は千葉県船橋市（北部清掃工場）であった。端的にいえば、月島機械はその技術に社運をかけていたのである。

船橋市からの発注

同社によってパイロックス・プロセスと名づけられたこのプラントは流動層分解炉と再燃焼室をメインに、サイクロン、タール除去装置、ガス洗浄器、補助燃焼炉などで構成されていた。

前破砕されたごみは流動層分解炉に入り熱分解された上、ガスとチャーに分離される。ガスはサイクロンでダストが除去されたあと、タール分を除き、ガス燃料として回収される。

一方のチャーも再燃焼室に送られてガス燃料となり、回収されたガスは主に発電用として使われる。

当時、通産省の大型プロジェクト「スターダスト80」が立ち上がる寸前であり、各メーカーはRDF、ごみのガス化、プラスチック油化など、それぞれ得意技術の開発に余念がなかった。その中で月島の技術はもっとも有望とされ、七五年七月に獲得した通産省の補助金で宮城県の岩沼に四〇トン規模の実証プラントをつくった。実証試験は数千時間行なわれたという。

千葉県船橋市が新しい清掃工場を建てるにあたって月島の新技術に強い興味を持ったのはその頃のことである。

図6　フローシート

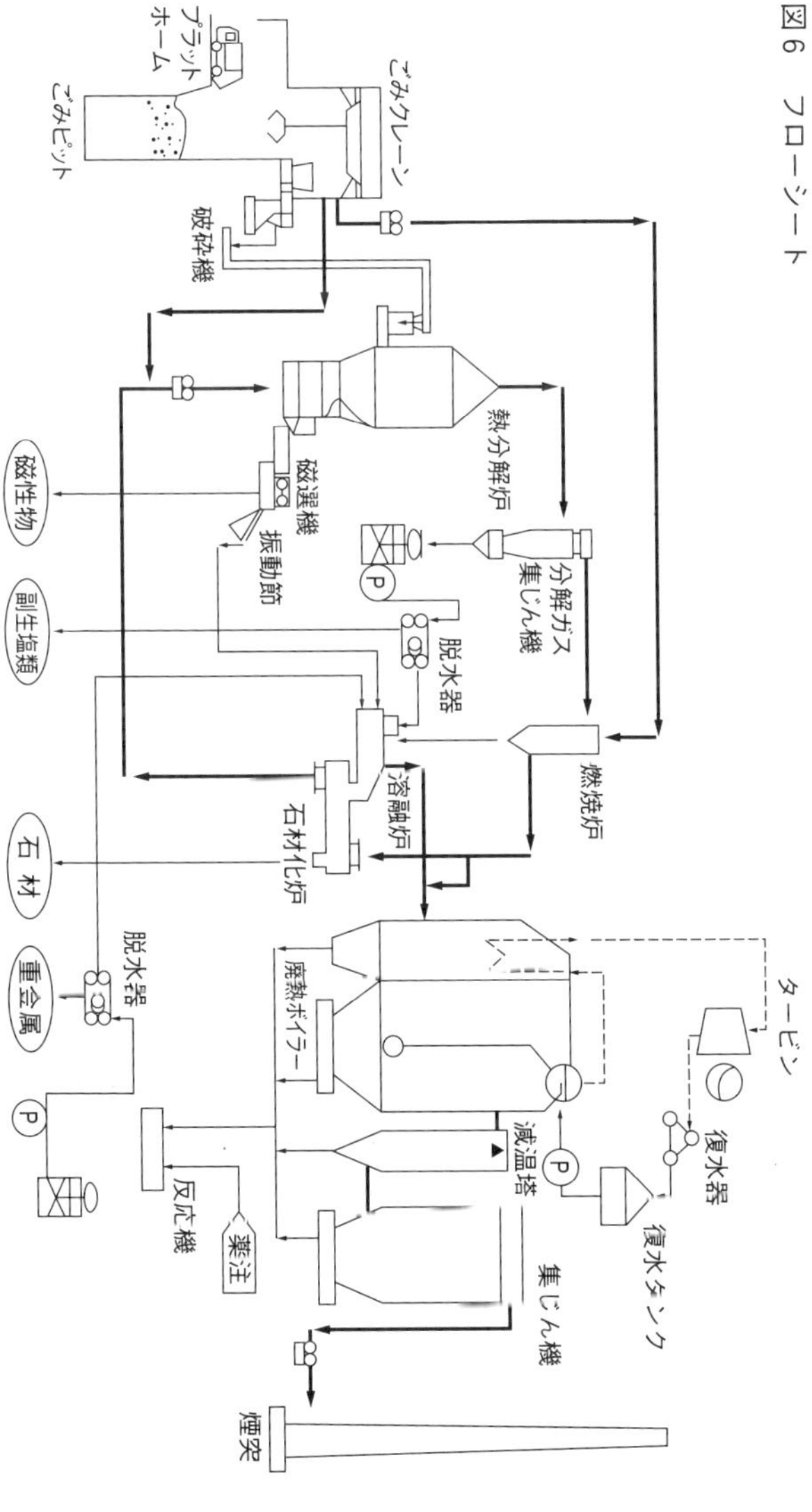
プラットホーム
ごみピット
ごみクレーン
破砕機
熱分解炉
磁選機
振動篩
磁性物
分解ガス集じん機
P
脱水器
副生塩類
燃焼炉
溶融炉
石材化炉
石材
脱水器
重金属
P
廃熱ボイラー
タービン
復水器
減温塔
P
復水タンク
反応機
薬注
集じん機
煙突

同市では都市ごみを分別せず、生ごみもプラスチックも木も紙も金属類もいっしょくたに焼却できるシステムを探していたという。いま考えれば、かなり乱暴な話に違いない。

その船橋市から七七年三月、正式な打診があった。

「環境事業に軸足を傾けつつあった当社にとっては願ってもない申し出であった」（社史『月島機械90年の歩み』より・原文のまま）。

本音であった。その年、同社は折からの円高や経営不振で二十三年ぶりの赤字決算を余儀なくされ、翌七九年には約二〇パーセントの人員削減、新規採用者に半年間の自宅待機を求めるなど、いわゆるリストラ旋風の真只中にあった。「唯一好調だったのはタンク部門だけであり、その売り上げでかろうじて食いつないでいる。そういう状態であった」（前掲書）。

同社が船橋市から発注の内示を得たのは七八年六月のことである。見積り金額は一〇〇億円（うち土木工事が四六億円）。パイロックスと船橋市の頭文字をとり、ＰＦプロジェクトと命名された。そこには悲壮感すら漂っていた。

だが、おぼろげながら不安もあった。「パイロックス・プロセスは産業廃棄物を念頭においたものであったが、船橋市の依頼は都市ごみを対象としている。その違いは実は大きかったのだが、その時は同じ廃棄物だから何とかなるだろうと安易に考えていた。そして何よりも当社にとっては目の前の金が欲しかった」（前掲書）。

その不安が適中した。

プロジェクトの挫折

「試運転を開始して一カ月もたたないうちに炉にホットスポット（部分的に異常高温が起き、周囲の灰が固まること）が発生するなどの対応に追われた（中略）。トラブルの原因はさまざまであり、ごみの中に鉄片が紛れ込んでいたために起きたトラブルもあれば、ガスホルダ（熱分解ガスの配管）のゴムシール材が損傷して起きたトラブルもあった」（前掲書）

改修はその都度行なわれ、運転を全面停止（シャットダウン）しての大改修工事が二回実施された。

「最も大きいトラブルがタールによる配管づまりでした」と前出の片岡氏は補足する。

氏はこのトラブル当時、ＰＦプロジェクトのなかで設計・計算業務の一端を担う若手技師であった。

「チャーからタールを分離して、それを助燃材に使うつもりでした。でもベタついてうまく回収できなかったのです。流れてくれると思っていたのに流れてこなかった。四〇トンの実証試験の時はうまくいっていたのに、思わぬ誤算でした」

船橋のプラントは一五〇トン三系列、実に四五〇トンという地方都市では空前の規模である。スケールアップにつきものの避けがたい事故だったのか。

「最も緊迫したのは二度目のシャットダウンを決断したときである。それは通産省の認定検査を間近に控えた昭和五十七年十二月十七日の深夜であった（中略）。十七日に試運転を開始してガスホルダのなかにガスを充満させていったが、やはり不調で、このままではガスホルダがもたないことが判明した。すでに夜に入っていたが、現場からは直ちに経営トップに連絡が回され、黒板社長、寄木副社長、吉沢専務が現場に駆けつけた（中略）。ことは当社の信用問題はおろか、会社の存亡さえも左右しかねない重大な局面をむかえつつあった」（前掲書）

最初のごみ投入から約二年半、改修につぐ改修が重ねられ、船橋市側への引渡しが済んだのは八三年三月三十一日のことであった。

二塔流分解炉をめぐる技術上の反省と総括が徹底的に行なわれたことはいうまでもなく、とりあえず二つの問題点が浮かび上がった。

ひとつは〝最初のかすかな不安〟どおり、ごみ質の違いを甘くみたことである。実証試験で扱った産業廃棄物はある程度その素性が摑めるものだけであった。しかし船橋市が提示した前提条件は〝分別しない都市ごみの投入〟である。

「その中には古タイヤや乾電池、プラスチック製品、鉄屑などありとあらゆる種類の廃棄物が混在していた」（前掲書）

第二にパイロックスの技術が成熟したものといえないうちに「目の前の金欲しさ」にいきなり処理能力四五〇トンという大型プラントを手掛けてしまったことである。

「要するに、知見不足、データ不足は明らかであった」と社史は結論づける。

写真5　徐冷しながら灰を石材化する

羹に懲りて？

〝船橋〟がトラウマになっているといったら、いささか酷に過ぎるだろうか。この時の教訓はいまも関係者の胸に深く刻み込まれている。今回、ガス化溶融炉市場に参入するにあたってその教訓の一つひとつが設計技術の上に生かされてきた。

「タール、塩分、ダイオキシン、それらができてしまってから後始末するのではなく、あらかじめその原因を断ち切っておくことが肝要なのです」と片岡氏は繰り返す。そこには修羅場をくぐってきた者だけがもつ重みがあった。

溶融という技術は魅力的だが、反面恐ろしい技術でもある。塩素分と金属類が反応して塩化鉄や塩化銅が生成され、これが気化して排ガスといっしょに飛び出す。しかし沸点が九〇〇度から一一〇〇度だから冷える途中でダクトなどにベタベタくっつく。だから塩素分を事前に除去する——。これも船橋から学んだ教訓であった。

ガス化溶融炉の実証試験も試行錯誤の連続だった。鹿沼市からは月、火、木、金とごみが入る。その日のごみ質を見て工程を調節する。

「うちの場合、一二〇〇キロカロリーから三二〇〇キロカロリーのごみに対応できます。プラスチック一〇〇パーセントでやったこともありますが、二次燃焼炉がもたず、そのあとの熱交換器がやられた。したがって投入量を落とさざるを得ない。ボイラーは一二〇〇度でもかまわないが分解ガスの量が増えるので、それを送るブロア（吸引装置）の能力がどこまであるのかが問題です」

いささか「羹に懲りて膾を吹く」感もある。脱塩工程を設けているため、厚生省からは「複雑なシステムだ」ともいわれた。

そしてもうひとつの〝複雑な工程〟が石材化システムだった。

水砕スラグでなく、大理石以上の硬い石材をつくる。それは溶融炉の付帯設備ではなく、まったく別の目的で進められていた。

エコロックの追求

月島機械にとって下水汚泥の処理は環境事業の重要な柱である。八九年には伊豆七島の新島で採れる抗火石（溶岩のひとつ）を使った「結晶化ガラス」の実験が行なわれ、その延長上で九一年か

図7　エコロックまでのフロー

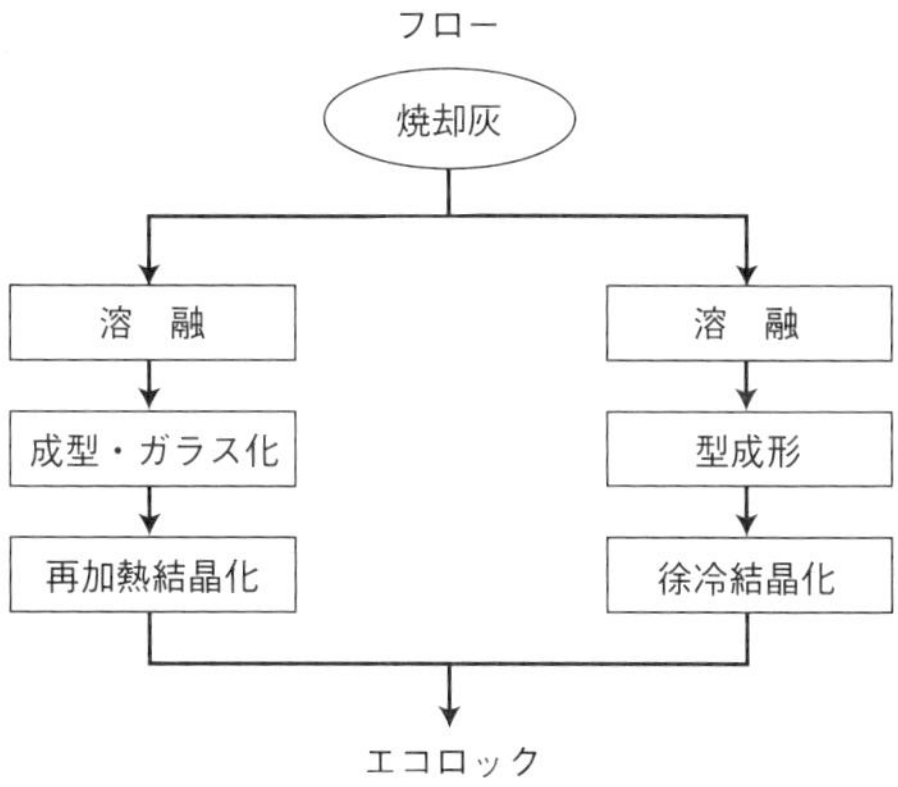

ら九三年にかけ、東京都との共同研究による下水汚泥・焼却灰の石材化実験が進められた。

どんな内容だったのか。

まず下水汚泥・焼却灰を酸素バーナー炉で溶融させ、ガラス質のスラグを製造する。さらにそのスラグを結晶化炉に入れ、再加熱により結晶質の石材にするというものである。単なる溶融スラグはガラス質で天然石材にくらべ物性が劣る。つまりモロいのである。また時折スラグの中に鉄錆が混入するなど、問題も多い。建て前とは別にどこの自治体でも水砕スラグをもてあましている。

「その後開発された石材化技術には二つあります」というのは環境事業推進室・池田英喜担当部長である。

「まず再加熱法というものですが、これはガラス質スラグをいったん一四五〇度まで加熱し、形を整えて一〇〇〇度まで下げ、再び一一〇〇度まで再加熱して結晶化させるというやり方です。もうひとつは徐冷法で、一四〇〇度で溶かし込んだスラグに温度をかけながらゆっくり冷やしてゆくという方法です。この場合微妙なコントロールが必要なのですがその部分は特許になっています」

鹿沼の実証プラントはその徐冷法で石材化を行なっている（写真5）。

月島機械ではこの石材をエコロックと名付け、商品化してゆく方針だ。

石材の質は安山岩や長石と類似の結晶を持っており、均質な結晶を形成させるため、廃棄物の中に少量含まれる金属化合物等を結晶核形成材にするという。

廃棄物中の灰分はほとんどが二酸化珪素、酸化アルミニウム、酸化カルシウムが主要成分で、その三成分で六〇パーセントを占める。天然石の結晶もほぼ同じ成分で、特にその中のアノサイト結晶（灰長石）は針状や柱状の結晶が絡み合っているため、高強度になることが知られている。曲げ強度で大理石の四・五倍、耐酸性（対酸性雨）で大理石の一〇倍になるという。

だが問題はトータルコストだ。

「石材化のイニシアルコストは焼却灰でトンあたり一万円前後、ガス化溶融炉では水砕スラグより一割ほど高くなります。ランニングコストも同様です。しかし水砕スラグを処分するのに金がかかることを考えれば、あとは環境保全性の問題です」

しかも石材なら砂利状でトンあたり五〇〇〇円、加工すれば一〇〇〇〇円程度で売却できるから初期コストは吸収できる。自治体で使い道がなければ同社で引き取るという。

すでに石材化では八九年六月から千葉県と環境新技術推進制度（エコ・テク・サポート制度）に基

づき共同研究が進められている。県環境部によると九七年の県内一般廃棄物総量は二〇四万トンにのぼり、三二万トンの焼却灰が埋め立てられている。その処分費を考えれば少々のコスト高も止むを得ないという考えだ。

千葉県にもうひとつエコタウン事業としてのエコセメント計画が進んでいるが、選択肢の拡大も県の方針ともいう。

二つの際立った特色を持つ月島機械のガス化溶融炉——。コスト優先の競争入札制度の中で、同社の手間ひまかけた複雑な技術思想がどこまで自治体に受け入れられるか、前出池田英喜担当部長がいう。「いま市場確保のための安売りに走る傾向が見えますが、私どもはそれをしたくない。わかっていただけるまで待つつもりです」。勝負はこれからである。

第二部　ごみ処理広域化・大型化に揺れる郷土と住民

第一章　港湾と鉄の町で──北海道室蘭市

幻の三市共同体制

道南と呼ばれる北海道西胆振(いぶり)地域には、それぞれに特性をもつ三つの都市が共存している。新日鉄や日本製鋼所を擁する重工業型の室蘭市（人口約一〇万五〇〇〇人）、支笏洞爺(しこつとうや)国立公園の一画に位置する温泉郷の登別(のぼりべつ)市（約五万七〇〇〇人）、そして道内有数の農産物供給基地・伊達(だて)市（約三万四〇〇〇人）である。ちなみに胆振とは旧北海道一一カ国のひとつで、胆振支庁は室蘭(むろらん)市に置かれている。

廃棄物処理施設はそれぞれの市が持っていた。竣工年次も一九七九年、八〇年とほぼ同時期だったが、九六年の排ガス測定で伊達市が一二〇ナノグラムという高濃度のダイオキシンを検出し、室蘭市は二六ナノグラム、登別のみが合格ライン（〇・三一ナノグラム）だった。三市は九三年ごろ、「近い将来共同で大型炉をどこかにつくろう」という話し合いを行なっていた。

だが、観光が売り物の登別市がダイオキシン問題にとりわけ敏感となり、単独で新施設の建設に踏み切った（二〇〇〇年四月から正式稼働）。

不思議なことが二つあった。

ひとつは新施設の処理能力が従来の倍以上になっていることである。それまでは一日当たり六〇トン。それが一二三トンで二十四時間連続焼却体制となった。登別市の人口は五万八八九二人、排出ごみ量は年間二万四七三六トンであるが、可燃ごみはその七割。処理量を倍にする理由はどこにもなかった（いずれも九七年現在）。そこには広域組織内における自治体の組み合わせ問題が微妙に絡んでいたのである。

第二の不思議は機種が流動床炉だったにもかかわらず、発注先が新日鉄だったことである。当時、現地には次のような憶測が流れていた。「流動床炉の実績が皆無の新日鉄はそれを得意とする荏原製作所に丸投げするのを前提に自社が落札するよう入札に参加した他社と事前に相談したようだ」。入札参加企業は新日鉄、荏原、石川島播磨、神戸製鋼所および三井造船の五社。受注単価はごみトン当たり約五三〇〇万円で、同機種（流動床炉）の実勢価格にくらべ二割は高い、というのが憶測を生む根拠となった。

むろんこの点について発注者側の登別市は全面否定している。

こうして登別の〝単独行動〟によって三市共同の焼却炉建設計画は幻に終わり、新たな連合への模索が始まった。

突然の候補地決定

室蘭市を中心に、伊達市、登別市、有珠山周辺の豊浦町、虻田町、壮瞥町、洞爺村、大滝村、そこに白老町を加え、「西胆振地域廃棄物広域処理検討会議」が発足したのは九七年十一月のことである。北海道が道内を三二ブロックに分ける広域化計画を策定したのはその翌月であった。

もともと白老町は東胆振圏に属していた。それがなぜ「西」ブロックに組み込まれたのか。そこにはひとつの経緯があった。

道の計画では苫小牧市を中心に西隣の白老町を含む五市町村で東胆振ブロックを形成させる筈だったが、苫小牧市が単独処理の既定方針を捨てず、同市以東の五町村は日高管内との連携を視野に再編成作業に入った。しかし苫小牧市と西胆振地域に挟まれた格好の白老町が宙に浮く形となり、登別市が白老町と〝ミニ広域圏〟をつくってごみの受け入れに踏み切ったのである。

白老町の窮状を見兼ねた胆振支庁の要請によるものとされているが、結果として登別市は〝大きな焼却炉〟を正当化する大義名分を得たことになる。ちなみに白老町の人口は二万四一四人で、可燃ごみは八一二四トン。これをそっくり受け入れたとしても総量としては一三パーセント増にすぎない。

こうして西胆振ブロックは室蘭市と伊達市ほか洞爺湖を囲む五町村グループと、登別、白老の二グループに分かれたまま、総数三市八町村の協議体として活動をはじめることとなった。遠い将来、

図7　北海道西胆振地域広域化処理

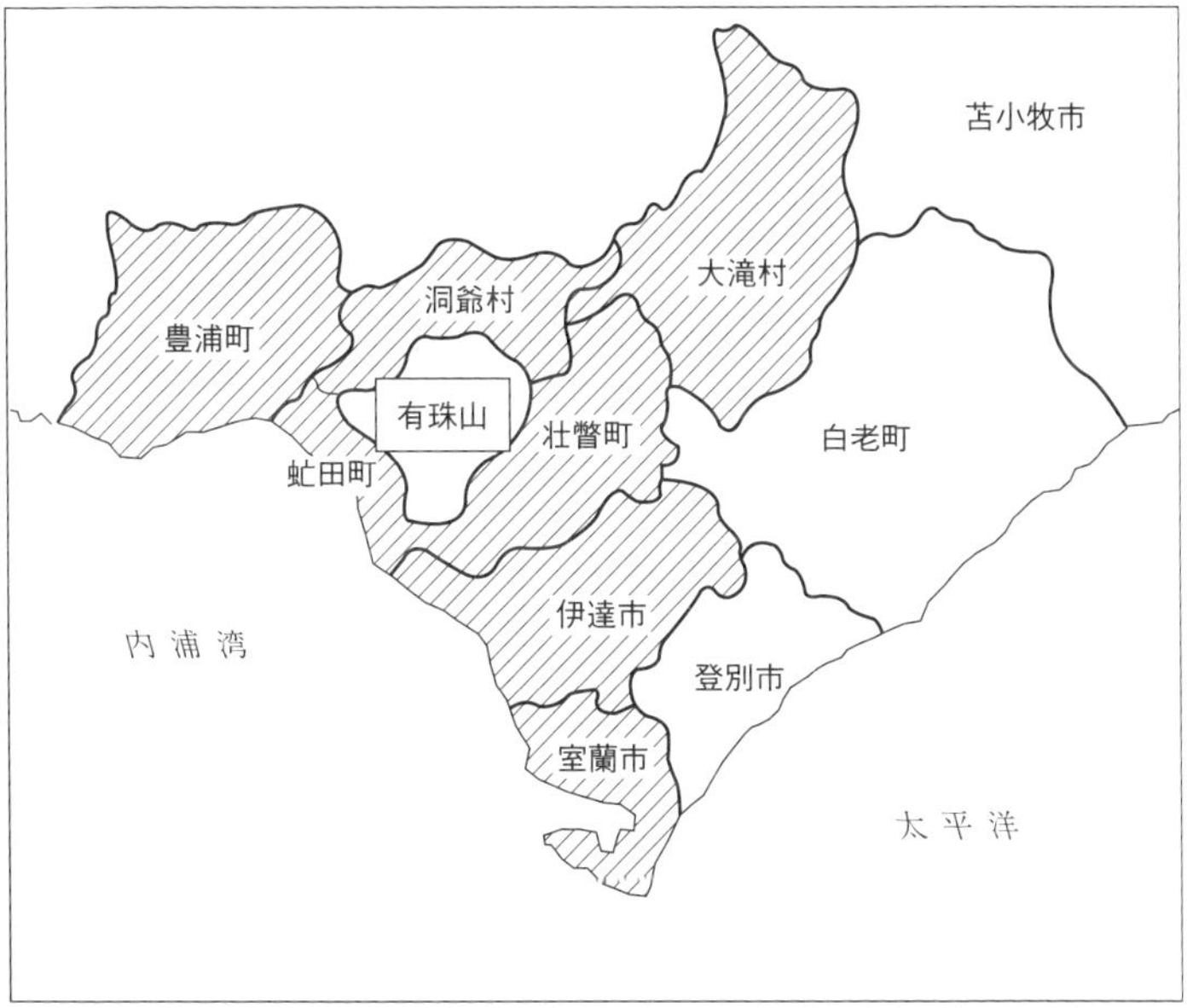

2002年12月から斜線内が事業開始。登別市・白老町は2020年に参加予定。

図8　広域焼却処理施設予定地

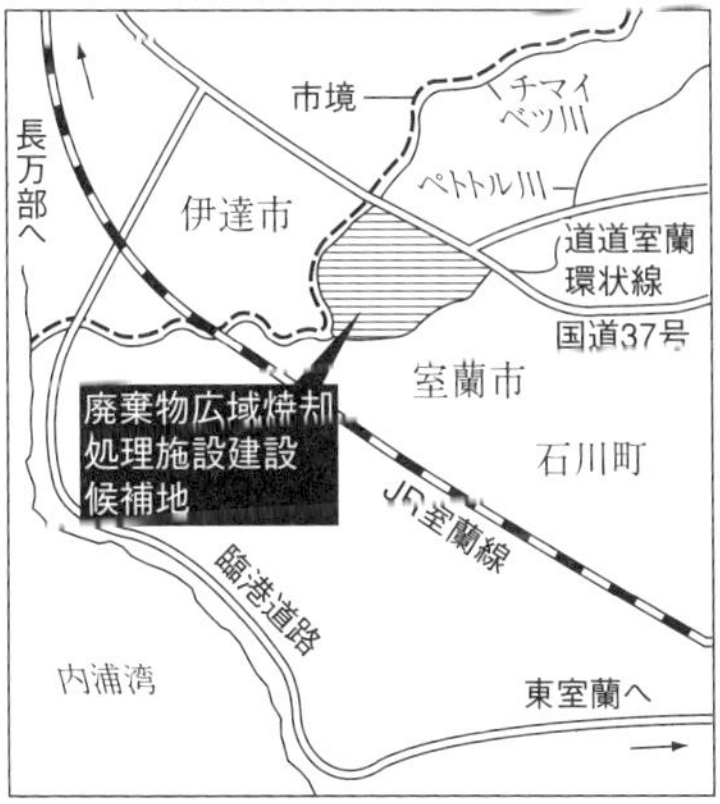

つまり登別、白老の焼却炉が耐用年数を迎えた時（予想では二〇一〇年）、九市町村の広域連携による廃棄物処理体制をつくるという計画だ。

室蘭市の最西端、伊達市との市境ギリギリのところに白鳥台団地という新興住宅団地がある。人口は一万三〇〇人（世帯数四〇三二戸）。やや高台となった住宅団地の周囲は室蘭市でも数少ない豊かな農作地帯である。抜群の住環境に惹かれてローンを組み、終のすみかとして市街地から移り住んだ人も少なくない。関西のある病院が喘息の治療に適した地域として候補の一つに白鳥台をあげた、という話もある。

一九九九年二月二十三日、ひとつの新聞記事が白鳥台団地の住人たちを驚かせた。住宅団地から約一・二キロほど西北に位置する「石川町三四番地」という農業振興地域（約四・七ヘクタール）が大型ごみ焼却場の建設地に決まったというのが記事の中身である。

建設地はＪＲ室蘭本線沿いに走る国道三七号線と室蘭環状線が交差するあたりのやや西側に位置している。ごみ排出量がブロック内で七割と最も多い室蘭市内に建設することは検討会議の発足時に決定済みであった。そこで市内九カ所の候補地の名があがったが、どうしても欠かせぬ条件があった。それはごみの輸送距離である。

ブロックの中心というだけなら伊達市（三万四〇〇〇人）が最適だったが、何といっても人口一〇万人を擁する室蘭市が責任を負わねばならない。そこで浮上してきたのが伊達市との市境ギリギリの石川町三四番地だった。そこなら最も輸送距離のある大滝村からでも五〇キロ程度である。

当初は室蘭市南部の御崎町にある清掃工場脇も候補にあがったが、そこにつくったら途中に中継基地を設けねばならず、それに要する建設費は一四億円。石川町ならゼロで済むから大助かりだ。行政による地元への打診が始まった。

コロコロ変わる行政の姿勢

その年（九九年）三月、「検討会議」は「西胆振地域廃棄物広域処理推進協議会」に格上げとなり、会長は新宮正志・室蘭市長と決まった。

さらに廃棄物処理分野では道内の先頭を切って広域連合方式を取り入れ、後日、運営方式も日本で初めてＰＦＩ（民間資金による公共事業方式）に準じた公設民営方式を採用するなど、近代感覚に溢れた行政組織となった。だがその体質は、徹底的に住民への圧政型であった。

室蘭市が候補地を石川町に内定したのは九八年五月ごろのことである。ある市議会議員が地元の町会長と雑談中、意外なことを言い出した。「この不景気に一五〇億円もの大仕事が石川町に転がり込んでくる」。その話にびっくりした町会長はさっそく担当課長に電話をしたところ、事実とわかった。

困惑した町会長は「決定してから話を持ってこられても困る。早い時期に住民説明会を開いてくれ」と訴えたが、担当課長は「構想段階だからできない」と答え、くれぐれも口外しないよう、念を押した。

検討会議の正式決定は翌九九年二月二十二日であったが、この決定にはブロック内の他市町村からも「住民対策は大丈夫か」との危惧が出たほどという。

室蘭市が極秘裡にことを進めた理由は一にも二にもタイムリミットである。排ガス濃度規制がはじまる二〇〇二年十二月までに施設を完成させるには公表から間を置かず建設地を確定する必要があった。

市は「場所を先に発表すると土地が買い占められる」ともいったが、底流には住民への抜きがたい不信感があった。ちなみに地権者は個人以外に企業、建設省、大蔵省なども含まれ、三三筆、一四件であった。

最初のボタンはこうして掛け違った。

九九年三月二日、石川町会（世帯数一三七戸、三五七人）で初めての説明会が開かれ、約八〇人の住民が集まった。市側は「あくまで候補地のひとつ」といいながら、「輸送距離や新たな土地の形状からいってここしか適地はない」ともいう。住民側からは「候補地決定を白紙に戻し再検討を」とジャブを返し、この日は終わった。

四月二日に開かれた第二回説明会の席上、協議会側（実質、室蘭市）は自ら定めた「土地の権利者および近隣住民の理解と協力が得られること」という協議会要項について説明を求められたが、「説明会での住民の理解度をみて判断する」などと意味不明の答弁をしたため、住民との間に険悪な空気が流れた。

写真6　新日鉄室蘭製鉄所（ここに溶融炉を建てる噂もあった）

五月二十八日の第三回説明会では住民の勢いに押され、「反対が大多数なら建設場所を変更することもあり得る」などと苦し紛れの答弁を余儀なくされた。

ところが六月に行なわれた白鳥台での説明会や市議会答弁では「地盤が弱いなど客観的に建設が無理な条件がない限り見直しはしない」と開き直りともとれる答弁を行なった。相手の出方や場所を見てコロコロ態度を変えるご都合主義に地域の不信感は増幅した。

当然のことながら石川町の農家を中心とする「西胆振の環境問題を考える会」「父祖伝来の石川町を守る会」、さらに白鳥台の住民による「ゴミから暮らしを考える会」など六つの住民組織が生まれた。

五月二十九日、白鳥台団地のスーパー前で署名活動が始まり、署名人員二〇〇〇人の目標が三九〇〇〇人分を集めた。その署名を添え、「環境問題を考える会」は六月十一日、室蘭市議会に建設計画白紙撤回を求める請願を提出した。

地元説得に手こずる協議会にもうひとつの仕事があった。広域事業の運営形態と焼却炉の機種選定である。

入り乱れる企業の思惑

すでに九九年九月、当時の検討会議は日本でも有数の旧財閥系シンクタンクを間に入れて全国の主要メーカーから技術提案を受け、応募してきた一三社を四社に絞りこんだ。四社とは日本製鋼所（三井造船系）、新日鉄、荏原製作所、タクマである。いずれもガス化溶融炉を手懸けるメーカーであり、ストーカ炉プラス灰溶融炉で臨んだ三菱商事（三菱重工業）と日立造船は退けられた。

室蘭は昔から新日鉄と日本製鋼所が支えてきた町といわれている。

「最初からガス化溶融炉に決まっていたんですよ」。ある有力地元紙の記者がいう。

「一度建設反対運動が奇妙な形で動いたことがある。焼却炉つくるんなら遊休地の多い新日鉄構内につくれというキャンペーンですが、あまりにも見え見えの話だから噂はすぐに消えましたがね」

だが当時、検討会議内に設けられた機種選定の専門委員会は、ガス化溶融炉に難色を示す早稲田大学工学部のＮ教授を顧問格にランクを落とした。Ｎ教授はこの種の委員会では常にチーフに据えられる実績と実力を持った人物である。そんなところからガス化溶融炉の採用は既定路線だった、と記者はいうのだ。

また辛口のオピニオン誌として知られる『月刊テーミス』も次のように書く。

「室蘭市にとって最も有力な地元企業である新日鉄は『市長選挙への非協力』や『室蘭製鉄所の撤退』などを持ち出し、市長筋に圧力をかけたといわれる。地元のこんな証言がある。『新日鉄はライバルのM社と同型の溶融炉がドイツで起こした事故を報じる記事のコピーを市役所内に配りまくった。ライバル落としの露骨な手段は市の職員からかえって顰蹙を買った」（「新日鉄『焼却炉ビジネス』に大疑惑あり」『月刊テーミス』九九年六月号）

鉄鋼産業の雄・新日鉄がなぜそこまでやるか。前出の記者がいう。

「室蘭では新日鉄の斜陽化が著しい。いま全社で一二〇〇人程度だが、最盛期（一九七〇年）には七八〇〇人もいた。しかもうち五〇〇人は出向社員です。九八年六月に開通した白鳥大橋は総工費一〇〇〇億円で新日鉄が請け負ったといわれていますが、それは新日鉄室蘭ではなく、新日鉄橋梁部がやったことです。もともと両者は仲が悪い。それでも一致して動いているのはトップ（本社）からの強い指示があるからです。だから何としても今度の仕事（直接溶融炉）はとりたいんです」

レインボーブリッジより美しいといわれる白鳥大橋は室蘭市の人口三〇万人を想定してつくられたが、一九八五年の総人口一三万六〇〇〇人に対し、現在では一〇万五二六一人（二〇〇〇年五月末現在）と実に二一・六パーセント減。人口じり貧状態に歯止めがかからない。もう一方の日本製鋼所は大型鋳鍛鋼のトップメーカーで、三井資本とは深いつながりがあり、三井系企業が持つ総株式数は一七パーセントにのぼる。この日本製鋼所と機種選定に影響力を持つ市の実力派幹部との関係も噂され、さらにもう少し上の幹部の息子が荏原製作所に勤務するなど、市と企業との相関関係は複雑をきわめていた。

こうなると、広く全国からメーカーの技術を公募した、という行為も何やらカムフラージュじみてくる。

「どこに決めても、決まっても悩ましい話です」。室蘭市・江畑天地人(てつひと)市民生活部長はこういって苦笑した。

市議会の構成も微妙である。全議員二八人のうち保守系が一六人、民主市民クラブが六人、公明と共産が三人ずつという色分けのほかに新日鉄、北海道電力、日石三菱など、企業を代表する議員という分け方も可能で、まさにバラエティに富む企業城下町であった。四半世紀に一度あるかないかのビジネスチャンスに、企業の思惑が入り乱れている。

地元を引き裂く

行政と住民の意見が交じり合わぬまま、最初の説明会から三カ月が過ぎた。そして長いこと波風立たずにきた地縁社会の内部が微妙に変わりはじめた。

現在の石川町は明治三年、新政府に追われた仙台の支藩、石川藩の一族が移り住んだ辺境の地であり、粒々辛苦の末に築き上げた血縁社会である。隣の伊達市が北海道の湘南と呼ばれているのと対照的な土地柄であった。「両親が反対をしても息子が勤務先で市に賛成するよう圧力がかかる」、「どこそこの某が土地を売るらしい」といった不協和音が出はじめた。

有機農法でホウレン草を栽培している農家や酪農家でつくる農事組合（二一人）が候補地見直しを迫って市と直談判する一方、条件付賛成派を名乗る一団が三六三名の署名を携えて市に乗り込んだ。「処理場をどうしても建設しなければいけないのなら私たちが希望する安全且つ夢のある施設にしてほしい。例えばフランスの宮殿のようなお城の建物にして、廃熱を利用した温水プール・売店・花の温室・キレイなトイレ等があり——（原文のママ）」など、ダイオキシン対策を含む一〇項目の、まともとも冗談ともつかぬ要望書が提出されている。

五月に開かれた石川町主催の親睦花見会に新宮正志・室蘭市長が飛び入り参加し、ご機嫌でカラオケまで歌った。

そんな中、推進協議会が七月一日、石川町での生活環境影響調査を開始した。これに対し「ゴミから暮らしを考える会」の成澤彰男（なるさわあきお）代表は八日、その即時中止を協議会に求めたが、アセスは強行された。

八月十九日、室蘭市農業委員会（一四人）の第七回総会が開かれ、石川町への焼却施設建設で農地と農作物の資産価値の低下を懸念する声が委員から相次いだ。

八月下旬、施設建設に反対する「父祖伝来の地石川町を守る会」の代表、千葉勲さんの飼育しているる繁殖用のダチョウが首を切られて死んでいるのが明らかとなった。「ダチョウの首は丈夫でキツネなどが噛み切れるものではない」と千葉さんはいい、いやがらせの線が濃くなったが、警察の捜査は暗礁に乗り上げたままだ。

九月七日夜、事態が動いた。石川町会（一〇三戸）は臨時総会を開き、焼却施設建設の賛否を問う住民投票を同月十九日に実施することを決めたのである。だが役員に相談せず中田隆治会長が独断で臨時総会を決めたとして八月末、二人の副会長が辞任した。

二人は最初建設に反対の意思を表明していたが、市側からの条件提示に態度を変えたのである。住民投票には慎重論もあった。しかし「問題が起きてから半年以上、一日も早く決着を図りたい」という意見が大勢を占め、一戸一票で選挙管理委員会の設置が決まった。

だが、九月十六日に至り、突如住民投票は延期となった。「投票への準備ができていないし、欠員となっている副会長選任が先だ」という理由からである。

九月二十八日、室蘭市農業委員会は「石川町への焼却炉建設に反対」とする建議書をまとめ、市に提出した。

再び三カ月の空白があり、また少し事態が動いた。

十二月一日、石川町の一部の地主（五人）が市に土地を売らないという意思表示をしたのである。

十二月五日、石川町の臨時総会が開かれ、中田会長が混乱の責任をとって辞任し、新たな正副会長を選出した。新役員体制で再出発を図ったのである。

新しい会長の今野豊太郎氏は「まず町会の役員で施設建設問題で話し合いたい。個人的には建設賛成の立場です」と発言、これに喜んだのは室蘭市当局だったことはいうまでもない。

十二月十日、室蘭市議会民生常任委員会（七名）は、すでに六月十一日に受理されていた「西胆振の環境問題を考える会」からの建設計画白紙撤回を求める請願を不採択とした。「国や道の方針を受けて取り組んだこれまでの努力を無駄にすることになる」（市政・創造21）という一会派の意見が市議会の姿勢を象徴しているが、自ら計画にゴーサインを出すでもなく、住民にもいい顔をする市議会の姿勢は「なるべく泥をかぶりたくないための責任回避」と地元紙（『室蘭民報』九九年十二月十一日付け）からも叩かれている。これは一面、無理もない話であった。全体の流れが広域連合という方向で動いている以上、個別自治体の出る幕はほとんどないに等しいからである。

二〇〇〇年は目前だった。国庫補助金の内示がとれるかどうかは九九年度内に住民合意形成がなるか否かにかかっている。道も焦っていた。

反対票が上回った住民投票

年明けの二〇〇〇年一月二十九日、市は焼却施設のイメージ図と地域還元プランを石川町会に提示した。市道・生活道路や河川、公園の整備、多目的広場、余熱利用の地域振興施設等々。住民懇談会では石川町のテレビ難視聴地域の解消、ペトトル川の護岸整備、チマイチベツ川の親水公園整備、国道三七号と道道室蘭環状線整備を国に要望などのメニューが惜し気もなく並べられた。

住民側はいささか呆れ顔で「道路整備は本来ごみ焼却施設と関係ない。石川町会として長いこと市に要望していた事業ばかりだ」と抗議した。これに対する市側の回答がふるっていた。「焼却施設も道路などと同じ生活環境施設です」。

市側の思惑では地元の石川町会が施設建設など〝具体的な話し合い組織の立ち上げ〟に合意すること、であった。その上で用地買収手続きに入り、施設建設、運転監視、周辺整備などを盛り込んだ協定書を交わすという段取り。だから「住民投票はしこりが残るので避けてほしい」というのが本音であった。

これに対し「賛否については数字で示すべきだ」と反対派住民は譲らなかった。

その後住民懇談会は三回続けられた。最後の二月十三日、市長が初めて臨席した。一気に決着を図ろうとの意図であった。市長は「西胆振全体の環境を守るため協力いただきたい」と住民に頭を下げた。住民にとっては「西胆振全体のため犠牲になってくれ」としか聞こえなかった。農業者からは「焼却炉をつくらないことが最大の農業振興策だ」との厳しい声があがった。

すでに何人かの町会員は旭川や登別のピカピカの施設見学に連れていかれ、カラオケや豪華な風呂があってホテルなみだといって積極賛成に回った。「何をどれくらい燃やしたかのデータ一つもらってこないで、あの連中は何を見てきたんだ」。中田前町会長は苦笑する。

二月二十六日夜、石川町会は住民懇談会で「焼却炉が建設される場合の条件」に関する全戸アンケート実施を決めた。

三月八日、道は推進協議会に広域連合の許可を与え、新年度から「西いぶり廃棄物処理広域連合」

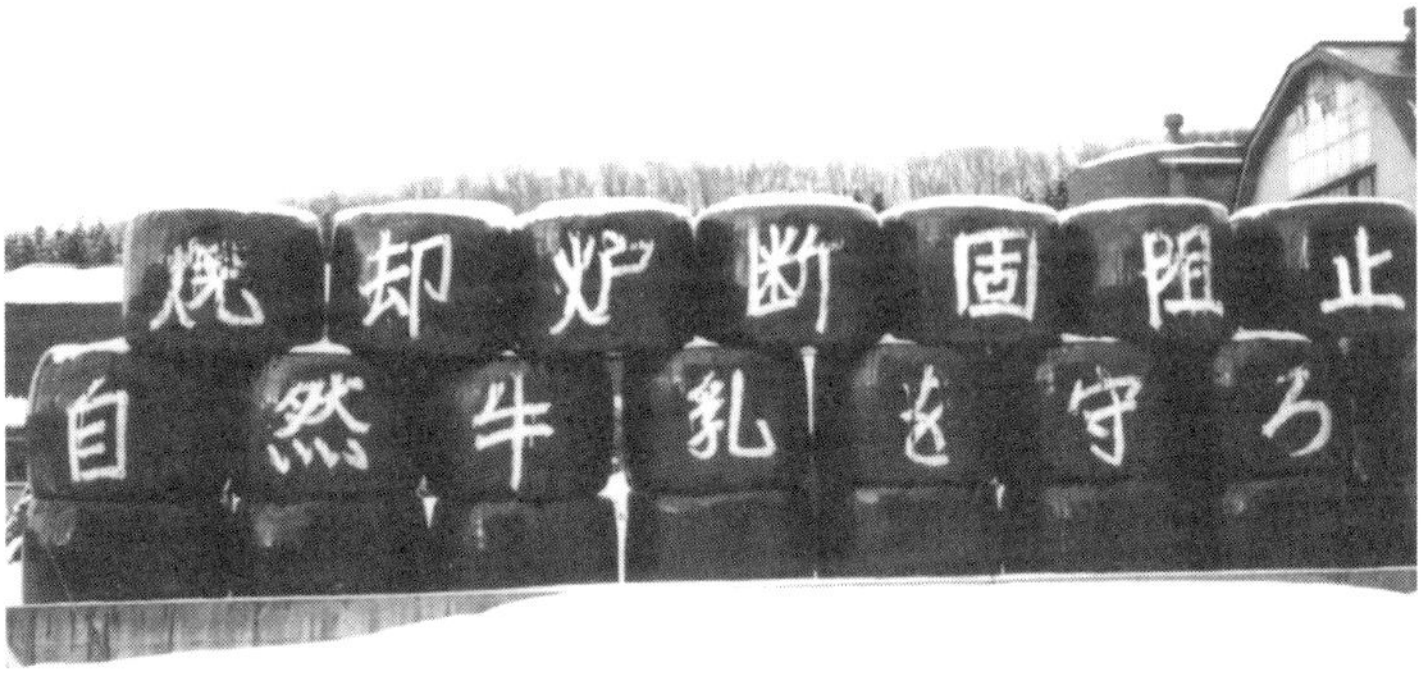

写真7　酪農家の抵抗（室蘭市石川町）

が発足することになった。胆振をひらがなにしたあたりがご愛敬である。だが道は一時許可をためらっていたという。①建設地の住民同意が得られていないこと、②農業委員会が建設反対の建議書を道に提出することを決めたこと、③複数の地権者が用地を売却しない意向を示したこと、などがその理由だが、西胆振のとりくみが全国の注目を浴びていること、組織づくりと住民対応は別との意見が大勢を占め、許可に至った。

三月九日、室蘭市農業委員会が建議書を道に提出。

三月十四日、石川町内を流れるナマイチベツ川流域の雑木林にオオタカの巣があることが確認され、住民団体は市に生態系調査を要望したが、前記の江畑市民生活部長は「いまのところ調査は考えていない」と回答した。

室蘭市にとって不祥事がたてつづけに起きていた。

ひとつは石川町の地域振興策として一月末に示した道路整備計画案が「町会役員の家の近くばかりに線引きされている」「焼却炉建設の賛成を得たいがため一部の土地に計画が偏っている」などの批判が起き、三月十三日、これを白紙に戻さざるを得なかった。

もうひとつは石川町が外部の人間を一切入れずに開催した住民懇談会の録音テープが室蘭市の手に渡っていたことである。これについて江畑市民生活部長は地元紙の問いに、「テープ起こしはたいへんな作業なのでお手伝いしただけ」と答えているが、これに怒った条件付き賛成派（「宮殿風のお城」を要求した団体）が三月十七日、室蘭市役所に乗り込み、建設反対に回るというひと幕もあった。

こうした一連の流れの中で石川町会は臨時総会を開き、住民投票の実施を決めた。反対票はそう多くないと新執行部は踏んだらしい。投票は町会加入の一〇五戸が対象だったが、なぜか未加入の三戸が加えられ、一〇八戸で四月十四、十五日に行なわれた。結果は五一対四三で反対票が八票上回った。だが棄権票が一四票あったことが絶対反対のムードに水を差した。棄権票はむしろ賛成票、という受けとめ方が広域連合の中にも出ていたという。

切り崩しと締め付け

二〇〇〇年六月の末、北海道新聞のY氏が電話で近況をこう伝えてくれた。

「昨日市役所へ行ったら事務局（広域連合）の雰囲気がばかに明るかったよ。特別委員会が出した二一項目の要求に市側がていねいに回答したことで委員会側も満足したといっている。これで流れが変わった感じだね」

ここでいう特別委員会とは六月十四日に設立された「施設建設協議特別委員会」のことである。経緯は複雑だった。

まず、四月十五日の住民投票で〝反対票が上回った〟あとの石川町会内部が一層ギクシャクしはじめる。翌十六日の総会で今野豊太郎会長は「たしかに反対の方針は出たが、行政との窓口を設けることは必要」との所信を述べたが、「町会の反対意思を市側に伝えるのが先決」との反発が強く、会場は混乱した。しかし「何もしなければ行政の思いのままに事態は進む」との意見が大勢を占め、町会とは別組織の「焼却炉対策特別委員会」の設置が賛成多数で決まった。そのあと、今野会長と二人の副会長は〝混乱の責任をとって〟辞任する。

四月二十五日、有珠山噴火で日程が大幅に狂ったものの、西胆振七市町・八カ所で環境影響評価書の縦覧が始まった。

広域側は「石川町に建設させていただく方針に変わりはない」とあくまで強気で、六月に国庫補助の内示を受け、ただちに入札、十二月着工を表明するに至った。

五月、建設候補地で土器片が発見されたというニュースが入り、教育委員会が六月に試掘する方針を発表したが、広域側は無視した。

表6　ごみ処理の広域化に関する各ブロックの進捗状況（平成12年5月1日）

支庁名	ブロック名	構成市町村名	基本計画策定時期			実施計画策定		備考
			10年度	11年度	12年度	11年度	12年度	
石狩	道央	恵庭市、北広島市 南空知組合［長沼町、由仁町、南幌町］、栗山町		○				
	北石狩	北石狩衛生施設組合 ［石狩市、新篠津村、当別町、厚田村、浜益村］	△					*
渡島	渡島下海岸	恵山地区衛生処理組合［戸井町、恵山町、椴法華村］		○				
	渡島	七飯町、大野町、上磯町、松前町、長万部町、八雲町 渡島西部組合［木古内町、知内町、福島町］ 茅部地区組合［南茅部町、森町、砂原町、鹿部町］	○				○	
桧山	桧山	南部桧山組合［江差町、上ノ国町、熊石町、乙部町、厚沢部町］ 北部桧山組合［今金町、瀬棚町、北桧山町、大成町］	△					*
後志	北後志	小樽市、赤井川村 北後志組合［積丹町、古平町、余市町、仁木町］		○			○	
	南後志	蘭越町、倶知安町、ニセコ町、京極町、真狩村、吉茂別町 留寿都村、岩内組合［岩内町、共和町、神恵内村、泊村］ 南部後志組合［寿都村、島牧村、黒松内町］		○			○	
空知	南空知	夕張市、岩三沢市、美唄市、三笠市、北村、栗沢町、月形町			○			
	中・北空知	芦別市、赤平市、滝川市、砂川市、歌志内市、深川市、奈井江町、 上砂川町、浦臼町、新十津川町、雨竜町、幌加内町、 北空知組合［妹背牛町、秩父別町、北竜町、沼田町］	○				○	
上川	上川北部	名寄市、士別市、剣淵町、和寒町、風連町、朝日町、美深町、下川町 音威子府村		○				
	上川中部	旭川市、鷹栖町、愛別町外組合［愛別町、上川町、当麻町、比布町］ 大雪清掃組合［東神楽町、東川町、美瑛町］		○				
	上川富良野	富良野市、上富良野町、中富良野町、南富良野町、占冠村	○			○		

留萌	西天北	遠別町、天塩町、中川町、サロベツ組合［幌延町、豊富町］	○			○		
	留萌中南部	留萌市、増毛町、小平町 羽幌町外組合［苫前町、羽幌町、初山別村］	○			○		
宗谷	南宗谷	南宗谷衛生組合 ［猿払村、浜頓別町、中頓別町、枝幸町、歌登町］		○				
網走	斜網	網走市、斜里町、小清水町、東藻琴村、常呂町、清里町、美幌町 女満別町、津別町		○				
	北見	北見市、端野町、訓子府町、置戸町、留辺蕊町			○			
	遠紋	紋別市、佐呂間町、丸瀬布町、白滝村、生田原町、遠軽町、上湧別町 湧別町、滝上町、興部町、西興部町、雄武町		○				
胆振	西胆振	室蘭市、登別市、伊達市、洞爺村、大滝村、虻田町、壮瞥町、豊浦町 白老町	○			○		
	東胆振	苫小牧市、東胆振組合［早来町、追分町、厚真町］			○			＊＊
日高	日高・胆振東部	平取外組合［鵡川町、穂別町、平取町、門別町］、えりも町 日高組合［新冠町、静内町、三石町］、浦河町、様似町、日高町	○			○		
十勝	十勝	十勝組合［帯広市、芽室町、中札内村、更別村、音更町、幕別町］ 新得町、清水町、鹿追町、本別町、足寄町、陸別町 北十勝組合［士幌町、上士幌町］、池田町、豊頃町、浦幌町 南十勝組合［大樹町、広尾町、忠類村］			○			
釧路	釧路	釧路市、釧路町、鶴居村、阿寒町、音別町、白糠町、厚岸町、標茶町 弟子屈町、浜中町		○			○	
根室	根室	根室市、別海町、中標津町、標津町、羅臼町		○			○	
計	24広域ブロック		9	11	4	5	6	

＊既策定の組合計画を基本とする。
＊＊ブロックを構成する団体が2団体であるので協議会を設置しない。
（注）次の市町村は単独でブロックを構成する。札幌市、江別市、千歳市、函館市、奥尻町、稚内市、礼文町。
次の市町村は2町で1ブロックを形成する。利尻町、利尻富士町。

六月九日、対策委員会内部の意見が鋭く対立し、これ以上の継続は無理として解散することになった。

ところが六月十四日、推進派は施設の安全性や地域還元策をまとめるための「施設建設協議特別委員会」を立ち上げた。前出のY氏が言った委員会である。建設を前提としたものではないとはいうものの、「一年半で一〇〇％反対が四三％賛成（住民投票数を指す）となった。歩み寄る努力を見せれば逆転は可能」との思惑があったことは間違いない。絶対反対だけでは行政側の思い通りにことが進んでしまう――。これを大義名分に七月二日の石川町臨時総会で「行政との交渉組織を継続させる」方針が承認された。辞めた筈の今野氏がいつの間にか再選されていた。

決定に反対や慎重審議を主張する声は少数として退けられた。事実上の建設受け入れであった。四月、五一の反対票を投じた町会員の参加は大幅に減っていた。

「切崩しと締付けが徹底的に行なわれた」と反対派のひとりがいう。

今野氏の再選も役員会で決め、総会で承認を求めただけだったという。

「まず彼らは大量動員をかけて拍手で賛成に持っていこうとした。それをぶっ壊して投票に持ちこんだんだが、反対がわずか一七票で、賛成は四二票で住民投票と逆になった。こっちの動員力が足りなかったわけだが、反対する人らは賛成派から年中脅されてるんだ。うちの隣の家なんだが、その親父が入院したんで、東京にいる娘が帰ってきて親父の代わりに臨時総会に出席した。『父はそんな計画絶対認めちゃいけないといってました』と彼女がいったら、賛成派が『いやそんな筈はない。俺明日お前の親爺のとこへいって確かめてみる』とぬかしやがった。なんでよその家の親子の会話にまで口出すんだ。一事が万事そんな調子だ。完全に石川町は狂ってしまった。弱い者いじめが当たり前になっちまったよ。こんな状態にしたのは室蘭市と厚生省だ。なんで登別のように単独でやらなかったんだ」

広域連合の次の仕事は伊達市側の住民を抑え込むことである。施設建設によって影響をモロに受けるのは南黄金（みなみこがね）であったが、伊達市では北黄金を含め、黄金地区で括っている。北の方はほとんど関係ないのに数で決をとったら賛成となるのは目に見えている。

いま石川町の反対派は町会を抜けて新町会をつくる計画を進め、農業者、酪農家を中心に反対運動を再構築すべく署名活動をはじめている。その活動にもいやがらせが執拗につづいているという。

これが二〇〇〇年七月半ばまでの状況である。

〝日本初の本格的ＰＦＩ方式〟〝道内唯一の広域化モデル〟〝民活によるごみ処理事業〟という触れ込みの大型公共事業がいま、関係者注視のうちに動き出そうとしている。

だが、あとに残されたものは明治以来つづいた地域社会の崩壊であり、隣人を裏切った者の後めたさと裏切られた側の痛みである。

行政側がいうように先端技術で仮にダイオキシンがゼロになったとしても、地域全体に刻みこまれた深いダメージが癒えるには、今後、長い長い時間を要するに違いない。

なお二〇〇〇年十月、広域連合は、ガス化溶融炉の機種選定の最終作業を行なった。候補に残った三メーカーのうち荏原製作所は「実績がない」ことを理由に早々に落とされていた。残ったのは三井造船（日本製鋼系）と新日鉄だが十月十二日、大方の予想に反し、三井造船のリサイクリング21と決まった。両社とも建設コストにまったく差はなかったが、ランニングコストで新日鉄がわずかに上回ったというのが〝落選理由〟だった。

第二章　厚生省が仕掛けた？　広域化計画——大阪府能勢町

廃炉決定まで

一九九七年四月、厚生省が公表した「ダイオキシン類排ガス濃度一覧」で全国の焼却施設中、最も高い数値を示したのが兵庫県の宍粟(しそう)環境美化センターであった（一立方メートル中九九〇ナノグラム）。

ところがそのリストに「能勢(のせ)のダイオキシン事件」として後に有名となる大阪府豊能(とよの)郡環境美化センターの数値が見あたらなかった。能勢の焼却炉が炉の上に冷却装置を載せる、いわゆる「炉頂型」という構造であり、メーカーも炉型式も宍粟とまったく同じなのに、それがすっぽり抜け落ちていたのである。

その後、豊能環境美化センターの事業者である豊能郡環境施設組合（以下施設組合）は九七年一月二十九日に測定した数値（一八〇ナノグラム）を大阪府に報告していなかったことがわかった。

「四月以降、八時間運転を二十四時間連続運転に切り替えるから、数値はもっと下がる筈」というのがその理由であった。

九七年一月二十四日、厚生省が「暫定基準値八〇ナノグラム」を盛り込んだ新ガイドラインを公表。施設組合は何とか改修で乗り切ろうと、予算一五億六〇〇〇万円を計上した。一一億円かけてつくった焼却炉を一五億円かけて直すというとんでもない計画に能勢の住民たちは同年十一月十日、「税金による欠陥炉改修反対」の監査請求を提出した。

その後、九七年十二月二十日に再調査が行なわれ、能勢高校の栗林土壌から施設組合調査で一グラム当たり二七〇〇ピコグラム、調整池から二万三〇〇〇ピコグラム、法面からは八五〇ピコグラムという高濃度のダイオキシンが検出された。

九八年一月八日、監査請求が却下されるや住民たちは二月五日に大阪地裁に対し「改修予算の執行差し止め」の住民訴訟を起こす。それを受けて厚生省は事態の拡大を恐れ、抜き打ち調査を現地で行ない、九八年九月二十一日その結果を公表した。

その時の数値は、たとえば湿式洗煙塔内部の洗煙排水から一リットル当たり三〇〇万ナノグラム、という衝撃的なものであった。

こうして「裁判やろうとやるまいと」焼却炉改修論議はふっ飛び、九八年十月十二日、豊能郡環境美化センターは廃炉と決まった。

だがその時期、タイミングの良すぎる動きがいくつか起きていた。

まず厚生省が「三〇〇〇万ナノグラム」を公表した直後、兵庫県川西市（人口一五万人）と同県猪名川町（人口二万八〇〇〇人）、そして豊能郡の豊能町、能勢町二町を合わせた一市三町の首長が一堂に会しており、さらに能勢の廃炉決定と同時にその一市三町でごみ処理を行なうという〝広域化計画〟が突如発表されたのである（一六一頁の図9参照）。しかもその一週間後は川西市長選の公示日であった。

面目丸つぶれの大阪府

「これは能勢を廃炉にするための厚生省による布石だったとしか思えない」と八木修・能勢町議会議員がいう。

自治体が事務を共同処理するために広域組織をつくるという動きはいま始まったことではない。清掃、消防などはその典型である。だがその場合も府県域を超えてつくる例はほとんどなかった。例外として一件あるのは、これも大阪府と兵庫県にまたがる「豊中市伊丹市クリーンランド」というごみ処理施設（七五年設立）だが、これには空港の騒音対策で協議体をつくらざるを得ないという設立事情があった。

ちなみに大阪と兵庫の仲はあまりよくないという。府警と県警の対立、近くは阪神大震災での対応の違いなどにそれが顔を出していた。

だが今回の一市三町の広域化は厚生省と関係市町の打ち合わせだけで、当の両府県は埒外に置かれていた。それを裏付ける大阪府議会の質疑記録が残っている。

「(前段略)あなたは五月の委員会で、『大阪府といたしましても(豊能、能勢のごみ処理に関して)適切な指導をしてまいりたい』とこう言うてはるんですわ。ところが地元の豊能・能勢はどうしたか。大阪府に何の相談もなしにいうたらちょっと過ぎた言い方かもわからんですけども、さしたる相談もなしに川西市の柴生(しばお)市長の申し入れを受けて広域化計画を十二日(九八年十月)に発表した、新聞発表したじゃないですか。これどないなってますねん。あなた方がこれをしむけたんですか。私は全部承知してますよ。両町からすれば大阪府頼むに足らんということで、本来市町村固有の事務だということもありましょうけれど、これ同時対応。管理監、どない思います、これ。」(九八年一月十六日「大阪府議会商工農林常任委員会議事録」松室猛委員の質問より)

これに対し、八木康雄管理監は「(今回の一市三町の計画について)事前に我々承知していなかったということにつきましては、私自身、大阪府といたしましてじくじたるものがございます」(同前)と苦しい答弁を行なっている。

ことの発端は隣接する兵庫県川西市から能勢町に耳寄りな話が持ち込まれたことであった。〝県域を越えた〟新たな広域圏をつくり、焼却施設は川西市側に建て、ダイオキシン排出がゼロという触れ込みのガス化溶融炉を入れるという。それだけならまさに美談というほかはなかったが――。

前出の八木町議がいう。

「厚生省は能勢の問題を迅速に処理するため川西市に、いまおまえのところも困っている最中なん

写真８　住宅地の屋根をかすめる焼却工場の煙（川西市日生ニュータウン）

だから、いっしょになれや、と因果を含めたんやと思います」

川西市の事情とは何であったか。

あとでつけた理屈

同市には北部と南部にそれぞれ一五〇トン、七五トン能力の焼却施設がある。最初、北部工場脇の谷間にもうひとつ工場を増設し、ダイオキシン対策を兼ねた改造計画を考えていた。北部工場は国道一七三号が谷を渡る橋付近の斜面につくられている。当然南部工場は廃炉となる予定だった。

だがこれを知った北部周辺の住宅団地（日生ニュータウン・一六八九戸）から猛然と反対運動が起き、折から勢いのついた能勢のダイオキシン報道が住民の危機感をいやおうなく掻きたてた。住宅団地は工場より高台になっているため、道路の突き当たりに見える煙突からの煙が、風向によって住宅の屋根すれすれに流れることもある（写真８）。

住民の反対運動は日増しに激しくなった。改修・増設のために二年がかりでつくった環境影響評価書は幻の文書となり、川西市の計画は頓挫した。

一方、厚生省としては能勢と豊能合わせても四万人そこそこという〝貧相な広域圏〟をどこかへくっつけて再編する必要があった。

現在、廃炉後の豊能郡は箕面(みのお)、豊中(とよなか)、池田(いけだ)などにごみを搬出している。これらの都市でもごみが最近減っているから、豊能郡としてもなまじっか焼却炉を持つより安上がりで済む。ならばそれらの都市と広域を組んだらよさそうなものだが、そうもいかない事情があった。

箕面市とは地図上では隣町だが、標高四〇〇メートル程度の山がいくつも横たわっている。これに対し川西は古くから能勢の玄関口で、関西屈指の名所である「能勢の妙見さん」へ通ずる能勢電鉄は川西が始点である。能勢と川西が同一県でないのが不思議なくらいだと関係者はいう。

所詮はあとでつけた理屈だが、厚生省の狙いは〝川西の苦況〟と能勢問題の同時解決にあった。

こうして厚生省が黒子となった「縁組工作」が始まるのだが、豊能郡と川西市だけでは人口が十分ではない。

そこで早くから単独でＲＤＦ化を計画していた猪名川町を説得して広域圏に加え「猪名川上流一市三町広域処理組合」を発足させる手筈を整えた。これで一市三町合計で約二二万人という、まずまずの陣容が整う。一市三町の施設整備検討委員会の報告書によれば二〇〇九年における将来人口は二六万人、施設規模は一日当たり二八五トン（一四二・五トン二基）と見込まれている。

だが最大の難問が残った。ほかならぬ焼却施設の立地場所である。九八年十月の計画発表時点ではまだそれは伏せられていた。ところが九九年三月一日、『産経新聞』が候補地をスッパ抜いた。場所は川西市国崎小路。同市の最北端で「こんな山奥まで川西なのか」と当の川西市民までが驚いたという〝辺境の地〟である。

そこは一庫（ひとくら）ダム流域の一角であり、付近に人家は一軒しかない。地形的には両府県にまたがる広域圏のほぼ中央に位置し、「ここを外して他に適地があるか」といわれるほどの立地条件であったが、そこに思いがけず、反対運動の激しい火の手が上がった。

過疎地の〝利用法〟

地元のある長老が言う。「ダムのできたところが栄えたためしはない」。

川西市の最北端、「猪名川渓谷県立自然公園」の東側に位置して黒川という集落が東西に長く広がっている。「能勢の妙見さん」はその黒川からケーブルで約十分ほどの妙見山上にある。

いまから十六年前（一九八四年）、洪水対策を目的に黒川の西約　・八キロの国崎地区の一部を潰し、総水量三三〇〇万立方メートルの一庫ダムが誕生した。

現地は能勢町を縦断する田尻川と西側の竜ヶ峡から注ぎ込む清流が、ダムで塞き止められてできた知明（ちみょう）湖を中心とする一種の秘境である。

だが、その時水没した山林、田畑、宅地面積は合わせて一五二・九七ヘクタール。家屋三二戸と神社、寺がひとつずつ消えた。

国崎の住人は一軒を除き全部が川西市内に移ってしまったが、残った土地の権利が残っているため、まだ国崎自治会そのものは存在している。

ダムが誕生し、黒川地区の孤立感は一層深まった。黒川の現在の戸数は三七戸。小学生はわずか三人という。

「ここにはもう小学校がありません。この公民館が学校跡です。市の教育委員会はその三人をタクシーに乗せ（能勢電鉄）山下駅近くの東谷小学校に毎日通わせているんです。子どもがタクシーに乗り、爺さん、婆さんが杖ついて病院に通うという異常な光景が黒川の実態です」

地元で広域ゴミ処理場建設反対特別委員会の代表者に〝心ならずも〟選ばれてしまった黒川地区の長老、谷守（たにまもる）さんがいう。

ダムができる時、いずれ〝過疎という名の被害〟が目に見えているのに、ダム予定地の地権者ではないため反対運動には加われなかった。国崎の人たちは莫大な補償金で市内に〝国崎御殿〟を建てたが、とり残された黒川に新しい住民が住み着く見込みはない。緑化条例や市街化調整区域の重圧で開発は無理なのだ。

「川西市の中で人口が増えるところと減るところの差はますます広がっています」というのは市

内の平野一丁目で「川西自然教室」を多くの仲間と運営し、機関誌『こげらだより』を発行している僧侶の平田信活（のぶかつ）さんである。

平田さんがＰＴＡの役員を務めている多田東という小学校は市内でももっとも多い児童数を抱えている。一九九二年、都市近郊に住宅地を供給する目的の新生産地緑地法なるものができ、三十年間緑地のままは無理というところから地域は駐車場や住宅に変わり、価格もそう高くはないということで大阪市や尼崎市から若い人が移り住み、子どもがどんどん増えたという。

図10　川西市広域ごみ処理計画

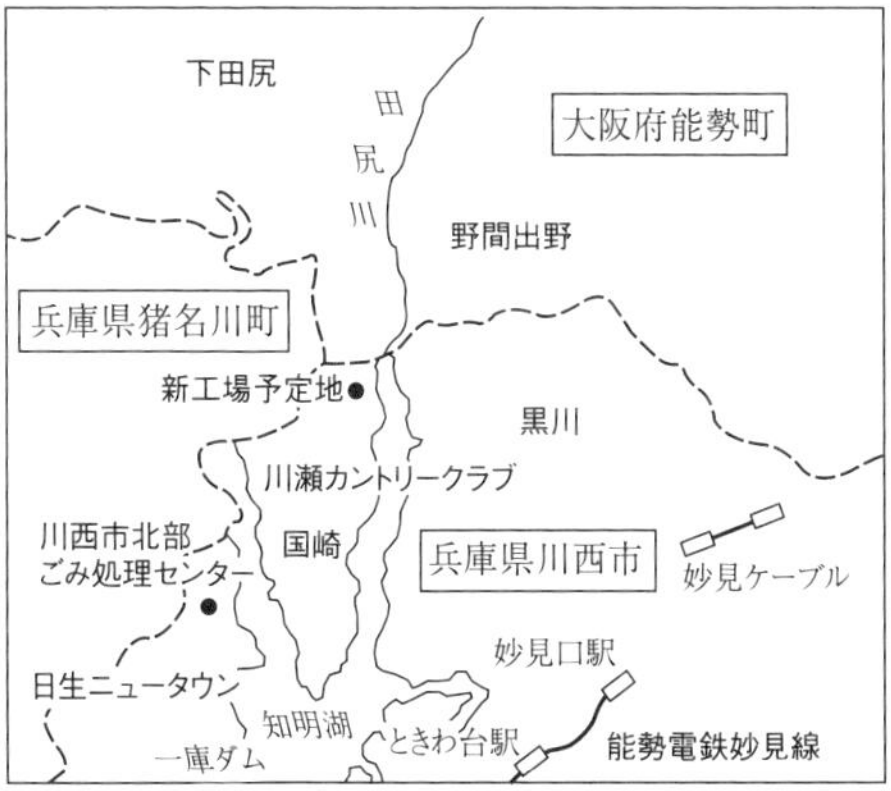

一方の黒川は「どこにあるのですか、と聞かれて、妙見さんの近所だ、というと、あんな山の中も川西ですか、とびっくりされる」ような地域だ。谷さんがいう。

「最近の市の広報見ましてね、いちばん頭にきたのは『黒川をどのように利用したらよいかを考える会』ができたという報道です。こんな侮辱がありますかね」

その黒川の〝最大の利用法〟が大型溶融炉の立地であった。

建設計画にもうひとつの地域から反対運動が起きた。

運動も〝広域化〟

川西市の市境ギリギリの能勢町側に下田尻、野間出野（のましゅつの）というふたつの集落がある。うち下田尻は十四年前（一九八六年）、豊能環境施設組合が最初に焼却炉建設の候補地に選んだ場所であった。戸数八〇足らずの典型的な農村地域であるが農作物への影響を懸念して激しい反対運動が起きた。施設組合側も地域が遠隔であることと、運動の激しさから、現在の山内地区に建設地を移さざるを得なかった。山内地区でも反対気運が生まれたものの、地権者の問題も絡み、受け入れを余儀なくされたのである。

だが注目すべきは住民有志が連名で当時の施設組合長、能勢町長、山内区長の三者あてに通告書を提出しており、その中で道路、水利問題に加え、「ダイオキシン被害が生じた場合の責任について明らかにすること」という一項を入れていたことである。

当時、ダイオキシンへの関心はごく一部の学者や研究者にしかなかった。そんな時、すでにその被害を見通していた住民がいたことに驚く。不幸にしてその予見が的中し、のちに日本全国を揺るがす事件に発展してしまった。

そんな経緯があったため、下田尻、野間出野の人たちは今回の事態に示した反応はすばやかった。「ごみ焼却場予定地は野間出野区の近隣で、土地区分は川西であっても、集落分布で考えてみれば、寧ろ能勢町と言っても過言ではないところにある。これが稼働すれば、近隣の山林には栗や椎茸の原木などが分布しており、焼却場近くのものは売れなくなる。また特に、最近のごみ焼却場のダイオキシン問題などの風評の全国的な定着により山林の資産的価値は皆無同様になる」（野間出野区長・上奥宏が提出した辻靖隆・能勢町長あての要望書より）。同じような要望書は田尻下区長からも出ている。

野間出野で米、栗、トマトをつくっているMさんがいう。

「能勢の風評被害は予想以上に深刻でした。その影響がまだ消えていないのに、わずか南西一キロの国崎に大型焼却炉をつくるという。この辺はほとんどが西風で、煙突ができればその煙は西風に乗ってくる。どの家もみんな西側が傷んでいます。十四年前にやったこと（反対運動）をもう一度やることになった。立て看もつくったし、署名も区長会を中心に六〇〇ほど集めました」

市街地の住民からもエールが送られる。

「私の親戚が能勢町下田尻におります。先祖から受け継ぎました田を耕し、米を作っておりますが、田植えを済ませたら鹿が苗を食べ、収穫時になりますと猪がお米を食べ、昨年は多額のお金をかけて田の周囲に微量の電流が流れる電線を張り巡らせました。そのように苦労してつくった米が昨年は能勢の米、というだけで売れなくなりました。解体しました美化センターから何キロも離れた田で取れたお米さえ売れませんでした。この悔しさは生産者でないとわからないと思います。」（川西自然教室「こげらだより」第七五号、二〇〇〇・三・一）

能勢の両地区と黒川が横につながり前出の反対組織（広域ゴミ処理場建設反対特別委員会）をつくっ

たのは九九年夏のことである。県域を越えた住民運動の〝広域化〟であった。以後、署名、陳情、ビラ発行と特別委員会は精力的な活動をつづけている。

ただし建設予定地の大半は国崎であるが、当の地権者たちに市と闘う気持ちはないという。十六年前のダム建設反対と同じことを繰り返したくないからだ。といって市に土地を売る気もさらさらない。市から交渉があっても風のように受け流すだけだという。黒川の人たちはその真意を測りかねているが――。

市民感情を逆撫でした市長

ある行政マンがいう。一〇〇人とか一〇〇〇人とかのデモは、それが何度繰り返されようと別にこわくはない。むしろこわいのは利害を越え、怨念だけでまとまる少数者の運動だ、と。

黒川の運動は過疎化へ追い込まれた住民の怨念が運動のエネルギーになっており、いわば棄民政策への怒りでもあった。行政側もそこにいい知れぬ不気味さを感じており、柴生進・川西市長もその一人であった。

柴生市長は自分でホームページを開き、常々「市民との開かれた対話」をセールスポイントにしている。その市長がある日、市民向けに発信したメッセージ（「市長とティーブレーク」）が俄然、物議をかもすことになった。以下、原文のまま。

「十月十二日。

あさ、郵便受を覗くと手書きのビラが入っていました。たぶんまた交際費のことかと思ったら『水がめを守ろう』『サリンの一〇〇倍の猛毒』という見出しのビラで、出所が明らかなものにしては、余りにも中身や根拠のないお粗末なビラでした。その反対にいつも送っていただいています『こげらだより』七〇号は勉強になりました。自然保護団体の機関誌ですからおそるおそる読ませていただきましたら『人間が生きて行くためには多くの廃棄物が発生してその処理は不可欠のことです。汚いからといって家の中から便所や下水道を除いて生活はできません。ゴミ焼却場も絶対必要なものです。国崎予定地には影響を受ける民家は近くになく、今日見てきた限りではその選択はまちがっているどころか、むしろ逆に当を得たものとも言えるように思いました。要は自然との調和に心を使い、自然破壊を最小限にする事の努力が必要なのではないでしょうか。』」

川西自然教室は九九年九月、子どもを交えた四〇人のバスを仕立て、国崎の焼却炉建設予定地の見学会を行なった。その時の印象記を十月一日発行のこげらだより第七〇号に特集したが、その中の一人が書いた文章を市長が一部引用し、「わが意を得たり」とメッセージ化したものである。

これについて機関誌を編集した前出の平田信活氏は次のように怒りをあらわにした。「私はあまり文才もなく、たいした編集もようせん素人だが、他人の文章や言動をその全体の流れを無視して自分の都合の良いように引用しないできたつもりだ。ところが今回のものは私の常識から大きくはずれた引用のされ方だ。今回、市長が引用した部分の直前には『――肝腎の国崎地区のゴミ焼却場建設の問題は大変難しい事だと思いますが最後に少し私見を述べておきます』とあり、これはあくまで筆者の私見である。ところが市長の引用の仕方では会全体の意見としか読めない。またこの文のすぐあとに私の『山奥の見えぬ所で処理は疑問。ゴミを見つめてこそ減量化は進む』のタイトルの文があり、『人口の少ない地域に押しつけてしまって良いのか』と前者とは反対の主張を載せている。だのにこちらは完全無視である。こういう引用の仕方は絶対にやってはいけない典型的なものである。このホームページを自然教室関係者が見れば怒ることは市長には予想できなかったのか。市長の感覚はどうなっているか疑問に思う。また市長は『お粗末なビラ』と同じ川西市民である地元の人々を徹底的に見下しておられる。市のリーダーからこのようなお墨付きをもらってどんな気持ちになるか想像していただきたい。市民として否定・拒否されたようなものだ。片や自然教室に対しては持ち上げ、他方は見下す。このような手法で市政を行なってよいのか。これでは市民同士が敵対し、少数派である地元の方々をますます苦しめるだけではないのか」(『こげらだより』第七二号、九九・一二・二「市長、こげらだよりの身勝手な引用はおやめ下さい」)。

後日、市長は非を認め、ホームページ上で自然教室側に詫びを入れた。

事態は混迷

「事前に地元を説得できるか否かに関わらず、一部事務組合は立ち上げざるを得ない」。二〇〇〇年二月、川西市広域ごみ処理施設建設推進室・渡部秀男課長はやや苦しそうにいった。

しかし地権者への説明も手つかずの状態で、一年以上かかるといわれるアセスメントのメドもついていない。土地造成、建設期間を考えれば、すでに二〇〇二年十二月へのタイムリミットは過ぎている。

それから半年、奇妙な噂が伝わってきた。建設予定地傍のゴルフ場が倒産し、所有している土地がヤクザ関係者の手に渡ってしまったというのである。そこは焼却炉建設の上で最も重要な位置を占める土地であった。

こうした事態から川西市は問題の多い既設炉の改修で臨まざるを得ず（予測では三〇億円）、大阪府の面目を潰してまで進めた一市三町計画も根底から崩れかねないことになった。しかし六月市議会ですでに「猪名川上流一市三町広域処理組合」設立は議決され、八月十一日正式に設立の運びとなった。その一方で川西、宝塚、伊丹、猪名川町の合併話も進んでおり、この先、何が起きるかわからないという混迷ぶりである。

ここまでの経緯から浮かび上がってくるのは、ひたすら〝能勢〟の名を消したかった厚生省と、当事者能力を喪失したとしか思えない関係市町村のご都合主義である。さらに肝腎の時にアテにならなかった大阪、兵庫両府県もその存在理由が問われてこよう。

事態は取りあえず振り出しに戻った。いま、全国いたるところで「ごみ処理広域化」『大型溶融炉の導入』旋風が吹き荒れ、その勢いに抗しきれない地域が圧倒的な中で、それらの動きをストップさせたごく少数の住民運動があった事実を長く記憶にとどめたい。

第三章　産炭地の疲弊と溶融炉建設——福岡県田川市

〝石炭〟で潤う

筑豊は筑紫山系を源とする遠賀川（おんががわ）流域に大きく開けた沃野である。

「田川は田と川と書くように昔から自然に恵まれた豊かな土地でした。江戸時代は関西の穀倉として遠賀川から米を送り出したといいます」。九九年の統一地方選挙でその前年、市の職員を辞め、無所属の市議会議員に当選した日高信子さんがいう。

だが幕藩体制下の田川はすでに特産品としての石炭を産出しており、明治中期、三井資本の進出と鉄道の開設がこの地を全国屈指の産炭地に押し上げた。

福岡県田川市（人口五万六〇〇〇人）を含む周辺の自治体が五〇年代までの繁栄から一転して典型的な過疎地域に転落した理由は、いうまでもなく石炭から石油へのエネルギー転換である。写真家土門拳の名作、『筑豊のこどもたち』はこの時期、この地域で生まれた。

炭鉱地帯では例外なく石炭の掘りあとに大量の水が溜まる。その水が地下を移動し、田畑や民家を陥没させるなどの被害が昔から絶えなかった。石炭鉱害である。

俗に石炭六法という。一九六二年に制定された産炭地域振興臨時措置法、炭鉱労働者の雇用の安定等に関する臨時措置法などと並び、前記の鉱害補償を目的とした臨時石炭鉱害復旧法、石炭鉱害賠償等臨時措置法などを含めた諸法を一括してそう呼ぶ。

これら六法によって疲弊した産炭地域に失業対策、鉱害復旧、炭住（炭鉱住宅）改良、ボタ山の災害防止など、いくつもの公共事業が今日まで目白押しに進められてきた。

「筑豊の自治体が産炭地施策に依存する状況は高く、田川市郡では依存率が一五％。比較的高い国の補助制度や交付税制度が実施され、地域の公共事業が支えられてきました。これらの公共事業により道路、農地、住宅の改良、公園の整備などが行なわれ、地域の環境も整備されました」（日本共産党福岡県委員会のパンフ『筑豊の真の振興を』九八年五月より）

「田川市の年間予算は約三〇〇億円ですが、六法がなければ二〇〇億円を下回っている筈です」

と日高さんはいう。

事情は隣接する田川郡川崎町（人口二万二〇〇〇人）でも同じである。同町議会で民生文教常任委員長を務めている佐竹始氏がいう。

「川崎の年間予算は一四五億円あります。そのうち三〇億円は石炭六法から落ちてくる金でして、純粋の自主財源といったら一九億円足らずですかね」

両自治体の自主財源がいくら貧弱でも、これまで石炭六法、同和対策、過疎法（過疎地域振興特別措置法）の三点セットで地域は潤ってきた。

その石炭六法が二〇〇一年度でいよいよ打ち切りと決まり、全国の産炭地域がいまパニックを起こしている。だが、田川市と川崎町はさほど慌ててはいない。田川市郡のいくつかの自治体はあと五年、激変緩和措置の適用を受けるからだ。つまり打ち切り猶予である。その認定基準は人口、工業出荷率など過疎法の条項に該当するかどうかで決まる。

「それだけ地域の疲弊がひどいということですよ」と佐竹氏。両市町と糸田町は確実に入るが、あとどこの町が入るのかは公表されていない。

「石炭六法の産炭地カサ上げで、特定事業には八〇パーセントの補助がつく。たとえば福祉団体の水道事業、水源地確保、それにごみ焼却場なんかがそれです」

そこでいま急浮上しているのが新たな焼却炉の建設問題である。

厚生省の意向に合わせた？

福岡県のごみ処理広域化計画は九九年三月末に策定された。田川地域については、①田川・川崎（現在の田川市川崎町清掃施設組合・以下「田川・川崎」）、②田川郡東部（添田、大任、香春、赤村）、③下田川（糸田、金田、赤池、方城）の三ブロックとなった。

「田川・川崎」が共同で焼却炉を川崎町内に設置したのはいまから十三年前のこと。一日当たり

図11　「田川・川崎」ブロックの大型ごみ焼却施設計画

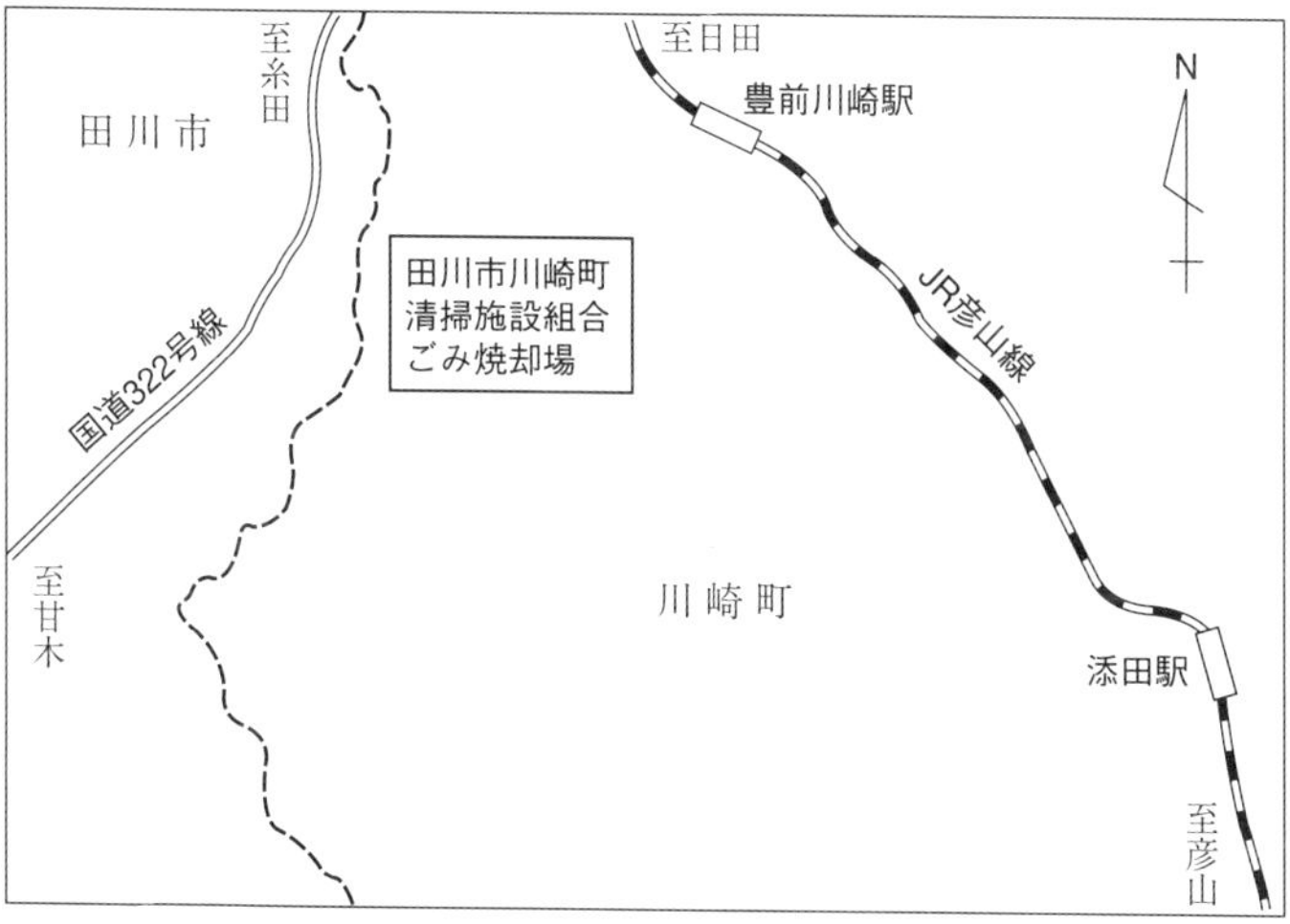

一三〇トンの処理能力を持つ荏原インフィルコのストーカ炉（准連）である。人口減もあり、改修で二〇〇二年のダイオキシン規制は十分クリアできる筈だった。費用も十数億円で済む。しかし組合は大型焼却施設建設計画を打ち出した。田川・川崎だけでなく、他の広域ブロックも巻き込む計画であり、その有力な機種としてガス化溶融炉が候補に上がっている。

「財政が今後厳しくなるというのに、何でいま大型溶融炉なのか」と佐竹氏は議会で質したが、行政側は「石炭六法などのカサ上げ事業で補助金が八〇パーセント保障され、起債や特別交付税や何やかやで九四パーセントは自分の金を使わずに、わずか数千万円の財源で一〇〇億円以上の立派な溶融炉とリサイクルセンターがつくれる」と胸を張った。

行政側に危機感がまるでない、と佐竹氏はいう。

「とりあえず、あと五年の猶予期間ができた。今度こそ石炭六法からの依存体質からどう抜け出すかを考えなければ手遅れになる。年間一四〇億円で賄ってきた町の財政が一二〇億円になってしまうんです。同和対策も来年には切れ、しかも起債は一四〇億円規模で行なわれている。『石炭六法があるうち、やれる事業は全部やってしまおう』という感覚では五年後、川崎町は再建団体に転落するしかありません」

「田川・川崎」が〝大型化〟に突き進もうとする背景には糸田町など下田川ブロックの存在があった。同ブロックの焼却炉は一日五〇トン処理のストーカ炉で、赤池町にある。九六年のダイオキシン濃度測定で九五ナノグラムを検出したが、改修の上なんとか動かしている。

「田川・川崎」の収集人口は約七万八〇〇〇人、これに下田川の収集人口三万七〇〇〇人を加えれば中都市なみの一〇万人をゆうに超す。ひたすら大型化・広域化を進めたがっている厚生省にとっては歓迎すべき動きであり、表彰ものとすらいえよう。あるいは将来の大型合併の地ならしを意識したものかも知れない。

すでにそれを見越して溶融炉の規模は一八〇トンに〝上方修正〟され、建設場所も田川市で引き受けるという。

「合併が地域振興の切り札となるかのような宣伝が行なわれていますが、むしろこれを機会に従来より規模の大きな公共事業をやろうという一部の土建業者やゼネコンの思惑にはまる危険性が大きいのです」と佐竹氏はいう。大型溶融炉の建設はその最大の公共事業なのだ。

筑豊の再生を模索

川崎町で真剣に地域の自立と農業の復興を考えはじめた若者の一団がいる。公共事業のあり方、将来の町づくりを考えれば当然の帰結であろう。彼らはもの心つくと同時に、補助金に頼って生きる町の空気にどっぷり浸かってきた。だが大都市へ逃れる若者が相次ぐ中で、彼らはやがて地域の異常さと品格のなさに気づきはじめる。家族経営ながらイチゴ、米の生産に汗まみれになっている農業者のOさんもそのひとりだ。彼が高校生だった十五年前、専業農家は現在の三倍はあった。米が主力だが、野菜もつくっていた。その野菜は当時まだ残っていた炭坑住宅に売った。葉たばこも結構な収入源だったが、専売公社がＪＴになってリストラされてしまった。はじき出された農業者の多くは公共事業に吸収されるしかなかった。

Oさんがいう。

「トッカイ、つまり特別開発事業という名目で土木の工事に雇われるんですが、現場ではあまり仕事がなくって、午後三時にはもう終わってしまうんです。それでも男性で一日一万一〇〇〇円、女性で九〇〇〇円ほどになる。作業員一〇人の仕事でも、予算があるからその三倍も雇えるんです。だからもらった金はその日に全部使ってしまうみたいな感じで——。それを子どもの養育費に廻すなんて考えはありません。明日は明日の風が吹くなんです」

ちなみに石炭六法に伴って落ちてくる財源の種類を列挙すると、一般失業対策、緊急就労対策、開発就労事業、鉱害復旧、炭住改良などであり、ほかに同和事業、過疎事業がつく。それらを総計すると一般会計の二三・六パーセントに達するという。川崎町の生活保護受給率は全国第一位、年間で三十日以上欠席する中学生は二二人に一人といわれている。

田川にも川崎にも、かつてのボタ山はない。ボタ山とは石炭を掘る際に出る岩石や質の悪い石炭をピラミッド型に積み上げた産炭地特有の風物であったが、すでに失対事業で全部のボタ山は取り払われた。

自治体に補助金が入ると、それはほとんど道路や橋に化けてきた。炭鉱はあとかたもなく消えてしまったが、そのあと雨後の筍のように生まれたのが建設業である。

前回の国勢調査によれば農業世帯二四一戸に対し、建設業は一九九九。だがその建設事業も、ほぼやり尽してしまったのだ。

「次は高齢者対策、ということでいま建設業界は福祉施設づくりに狂奔しています。あと五年、石炭六法が延長されたことで彼らは勢いづいているんです」

石炭六法とは六〇年代、高度成長の地ならしに向け、日本の貴重なエネルギー源・石炭を潰すためにとった意図的な法体系であり、そこから起きる地域の衰退と混乱を〝金〟で糊塗するためにとった緊急避難措置であった。その〝緊急〟が三十六年もつづいたところに筑豊の不幸があったといえよう。

田川市が、石炭記念公園の南一キロのところに造成した白鳥工業団地に、企業が集まらないという現象も〝不幸〟のひとつであろう。田川に住む若い農業者のひとりがいう。

「田川の連中は誘致した企業を脅して彼らからムシリ取ることしか考えていないといわれるんです。もちろん市民全部がそうというんじゃなく、一部のヤクザがかった人間のやることですが、それで工業団地に企業がこないとしたら田川全体の損失なんです」

二十年も前、赤池町から田中六助という大物代議士が出ていた。後年、糖尿病で失明状態となり、志半ばで死んだが、彼は石炭六法から早く抜け出さないと筑豊の自立は絶望的といったことがある。だが、いまの行政体系を覆っている国庫補助という仕組みそのものが日本全体を筑豊化してきたとはいえまいか。国庫補助率が有利なうちに必要以上の大型炉を造ってしまおうという全国的な風潮はまさにそれである。

「その日ぐらしの生活が日常化しているから、ごみの分別なんて他人ごとなんです。だから大型溶融炉なんて発想が出てくる」

だが、一部市民の思いと逆行するように、下田川ブロックを巻き込んだ大型溶融炉導入計画が「地域全体の無気力」という真空状況の中でいま、確実に進みつつある。

第四章　「ＰＦＩ事業」がもたらす混迷
——千葉県君津市・福岡県大牟田市

——このほど総理府はＰＦＩ事業の候補またはモデルとなる主要案件をまとめた。案件は全国七事業で、このうち廃棄物処理・リサイクル関係は千葉県君津市と福岡県大牟田市の二カ所である。

（環境新聞・九九年十二月十五日）

ギリギリの抵抗

「これははじめから新日鉄による新日鉄のための広域化計画でした」

千葉県君津市役所に勤務するＮさんがこう切り出す。ことは九五年十一月、千葉県の生活環境課が君津、木更津、富津、袖ケ浦の四市に対し次のような相談を持ちかけたことにはじまった。

「焼却灰の溶融について新日鉄に施設の設置を要請中であり、今後第三セクターによる日本初のモデルケースとして位置づける。ぜひ四市の賛同をお願いしたい」

処分場不足に悩む各市にとって焼却灰の溶融は魅力あるテーマだったが、県の狙いはもう一歩進んだところにあった。これは明らかに新日鉄が県に持ちかけた話だったとＮさんはいう。

それから三カ月経った九六年二月二十日、県の生活環境課は「新日鉄からの協力が得られた」と四市に連絡したあと、「県南広域廃棄物処理事業研究会（仮称）の設置について（案）」なる文書を配布し、かずさ臨海なる広域圏の組織化に乗り出した。

はじめ、四市の担当者は何のための広域処理か理解に苦しんだという。四市のうち一市を除いてはその話に消極的で、「将来に備えた勉強会なら参加もやむを得ない」程度の受けとめ方であった。

こうして九六年四月十八日、研究会は組織され、以後一四回の会合と先進地視察などが県主導で行なわれている。同年十一月十三日、「県南広域廃棄物処理事業研究会の結果」なる内部文書が発行され、そこには発足当時の記録が次のように記されている。

木更津市「いまの施設は建設後八年目で、ごみ処理の緊急性は感じていない。将来の更新等を踏まえた検討は必要と考えている」。

君津市「研究会への参加は〝研究〟と受けとめている。将来への対応も含め、幅広い検討の中でいろいろな選択肢があると考えている」。

袖ヶ浦市「焼却炉二炉は平成十七年（二〇〇五年）に更新の予定。一炉は増設で平成九年から整備する。広域処理は望ましいと考えるので引き続き検討をお願いしたい」。

言葉こそ慎重に選んでいるものの、中身は計画に反対する論旨となっている。だが後段で県の顔も立てているあたり、役人らしいギリギリの抵抗と思える。これら三市はすでにダイオキシン対策にそれぞれ約一〇億円前後をかけて改修に入り、向こう十年程度は十分使用可能という見通しがついていたのである。

シナリオどおりの展開

だが残る富津市の態度だけが三市とは違っていた。「焼却炉の更新時期を控え、方向づけが急務となっている。早く方向づけをしていただきたい」。ちなみに富津市の焼却炉だけが二十年を経過しており、建て替え計画が具体化していた。

これに呼応するように県は「検討期間を平成九年三月末としているが、できるだけ三月の早い時期に方向づけを行ない、年度内に首長会議に報告できるようにしたい」と答えている。出来レースもいいところであった。

その上で〝あまり気の進まない〟気配の三市に対しては「今後広域圏処理は必要と考えられるので、緊急性のないところも広域処理を念頭に置いて検討していただきたい」と半ば恫喝ともとれる牽制を行なっている（傍点筆者）。

最後に〝主役〟の新日鉄が、まるで既定路線といわんばかりに次のような見解を披瀝した。

「研究会の対象施設として新日鉄の直接溶融技術を中心に検討を進めているが、新日鉄はこのほかにも電気炉、プラズマ溶融などいくつかの経験がある（中略）。ごみ行政は、将来は民間に移行していくべきと考えている。新日鉄としても処理事業の民間委託で地域社会に貢献できるということでこの研究会に参画している」

　民間委託がなぜ地域社会に貢献することになるのか。仮にそうだとしても、なぜ新日鉄一社だけなのか。この時点で競争入札なしの溶融炉導入は決まったも同じだった。

　世に企業城下町という。こうなってくると巨大な京葉コンビナートを抱える千葉県は県ぐるみの企業城下町といわれても仕方がない。なにしろ君津市職員の中で夫婦どちらかが新日鉄と関わりを持っている地域風土なのだ。

図12　県南広域廃棄物処理計画関係図

　研究会の「結果」はいやおうなく四市の行政施策に反映した。

　九七年に入って、新日鉄による直接溶融方式の採用、広域処理、新日鉄の用地に施設を建設、運転コストの算定など、すべて新日鉄のシナリオどおりのコンセプトが四市に伝えられ、各市長はこれを認めることになる。

　こうして「単なる勉強会」の発足からわずか二年、大がかりなプロジェクトづくりが四市の中で一気に重要な行政施策となった。

九八年九月、四市の市議会に第三セクター設立のための出資金拠出を盛り込んだ予算案が上程され、四つの市議会とも判で押したように〝共産党を除く〟全会派の賛成でこれが承認された（ただし木更津市については新社会党、市民ネットワークの二会派が反対に廻っている）。

四市と新日鉄、それにどういうわけか民間の産廃業者二社が加わった㈱かずさクリーンシステムが発足するのはその年、十二月五日のことである。

Nさんがつづける。

「これで新日鉄は、まず使い道のない遊休地が売却でき、自社がつくったプラントが売れる。運転管理もそっくり受託できるし、メンテナンスも自分で見積もって自ら手掛けられる。役員や従業員の受皿が確保でき、事業が終了する時点で二分の一の利益配分が転がり込んでくることになった」

これで「クリーンシステム」とは、まさにブラックユーモアというほかはない。

儲けず損せず

やや煩雑になるがここで㈱かずさクリーンシステムの概要をまとめておこう。

事業主体は四市と新日鉄および民間の産廃業者二社が出資する第三セクターである。代表取締役社長は新日鉄から出し、常勤取締役二名は新日鉄から一名、四市の中から一名、非常勤取締役七名は新日鉄三名、四市から三名そして民間産廃業者の㈱市川環境エンジニアリングから一名、常勤監査役は㈱エムコ、非常勤監査役は四市と社外から選ぶ。それぞれの出資額は表7のとおり。特に新日鉄の場合は四九％、一二億五〇〇〇万円とほぼ半分である。冒頭でNさんがいった「利益配分二分の一」の根拠だ。

次に施設の建設スケジュールだが、すでに見たように各市の施設事情が異なるため、第一ステップ、第二ステップに分けざるを得なかった。それが表8である。

第一ステップではまず新日鉄の直接溶融炉（一〇〇トン炉二基）をつくる。九九年度着工、二〇〇一年の稼働となっていたが、後述する地元の反対運動で遅れている。第二ステップは一五〇トン炉二基で二〇〇四年着工、二〇〇六年稼働で最終的に処理能力五〇〇トンという巨大溶融施設が出現することとなる（表9）。

二〇〇〇年一月現在の四市全体の収集人口は約三三万人。排出ごみ量は約一三万七五〇〇トン（可燃、不燃残渣、屎尿・汚泥）である（表10）。

施設の建設地は①周辺一・二キロ以内に人家がないこと、②他の三市からの搬入道路が整備されていること、③四市のほぼ中央に位置し、運搬コストが抑えられること、という条件を満足させる場所ということになり、それが新日鉄所有の土地（木更津市新港一六番地、四・五ヘクタール）であった。

投下経費として土地購入費が三〇億四〇〇〇万円、施設建設費二八二億円という額を第三セクター側ははじき出した。

次に事業内容だが、株式会社といえど半官半民の公共事業だから「儲けすぎず、損は出せない」という建て前がある。そこで「プロジェクト期間内で借入金全額返済が完了するレベルの収益性を確保」という名分が出てきた。

プロジェクト期間とは施設の耐用年数に合わせた二十年間ということだ。そのために四市は第一ステップの稼働後二十年にわたり「債務負担行為」を設定することになる。これは行政用語で、「間違いなく所定の費用を毎年支出します」という誓約のことである。ちなみに第一ステップの累損見込みは三億二〇〇〇万円と試算されているが、第二ステップではゼロとなっている（表11）。

「儲けてはいけないが、損はできない」経営体とはどんなものなのか。

ごみは減らせない

「結局金額を明示しない債務保障をやらされるのです」とNさんはいう。いくらかかっても最後は税金で帳尻を合わせることになりかねない。

そのほかにも自治体側がかぶる負担はいくつもある。たとえば溶融でできたスラグやメタルは新日鉄が引き取ることになるが、その値決めをどこでするのか。相場が下がったといわれればそれまでである。飛灰の処理も四市側の負担となる。

「各市ともこれまでごみ減量に努力してきました。資源化率も四市平均で一四パーセントになっています。しかし今回のシステムではごみは減らせない仕組みになっているのです」。つまりごみ

表7　出資比率及び出資金

	出資比率	出資金
民間	64％	16億円（64）
4市	36％	9億円（36）
計	100％	25億円（10）

＊（　）内は、ステップ1時点での出資金。ステップ2の設備増強時には増資して25億円とする。

表8　事業のステップ

	木更津市	君津市	富津市	袖ヶ浦市
ステップ1	焼却灰全量 直接埋立（不燃残渣）全量 可燃ごみの一部 し尿・浄化槽汚泥	焼却灰全量 直接埋立（不燃残渣）全量 可燃ごみの一部 し尿・浄化槽汚泥	資源回収分を除く全量 し尿・浄化槽汚泥	焼却灰全量 直接埋立（不燃残渣）全量 可燃ごみの一部 し尿・浄化槽汚泥
ステップ2	し尿浄化槽汚泥 資源回収分を除く全量			

表9　処理対象量

	可燃物	焼却残渣	不燃残渣	し尿・浄化槽汚泥	処理対象量計
ステップ1 （平成17年度）	31,215 97.2	10,410 32.4	80,748 25.1	4,014 12.5	53,687（トン/年） 167.2（トン/日）
ステップ2 （平成32年度）	156,895 395.3	― ―	92.6 28.4	3,920 12.2	140,021（トン/年） 436.2（トン/日）

注）上段の数値は年間処理量、下段の数値は稼働日1日当たりの処理量

がいくら減っても、設定した委託料を下げるわけにいかないからだ。

受託単価はトンあたり三万五〇〇〇円から三万六〇〇〇円に設定されている。だが現在各市のごみ処理費は平均二万九〇〇〇円である。しかもごみが足りなくなった場合、ＰＦＩの名を借りて産廃の混合処理に向かう可能性が強い。出資者に二つの産廃業者が入っている意味は多分そこにある、とＮさんはいう。

もうひとつの懸念は、四市の出資比率が三六パーセントと少なく、決算状況を議会に報告する義務がないことで、それが可能となるためには五〇パーセントを超えることが必要だという。

そして市の現場職員にとって最大の不安は溶融炉そのものであった。現在バッチ炉を使っている富津を除き三市はすべて流動床炉だが、溶融炉はむろん現場にとって初めての経験である。そこで手分けして愛知県東海市、大阪府茨木市へ行ったが工場の内部に入ることは拒否されたという。そのこと自体は当然であり、そこは清掃現場というより、素人を寄せつけぬ製鉄現場なのである。それが職員たちの不安を一層かきたてた。自分たちの職場がそっくりなくなってしまうのだ。

地域住民からもクレームがついた。最初の反対運動は九八年九月、地元の住民団体「小櫃川の水を守る会（渡辺みつ代表）」が起こした。「住民との共通理解が得られない中での会社設立に反対」というものであった。

九九年一月には建設地に最も近い一〇の町会で組織する桜井地区連合会（約一三〇〇世帯）が木更津市と同市議会に建設反対の意見書を出している。それによると「市は八三年現クリーンセンター

表10　廃棄物処理の状況（平成8年度収集・資源化・処分量実績）

（単位：トン/年）

	収集量＊1	資源化量＊2	処分量＊3
木更津市	58,300	6,900（15％）	8,200（14％）
君津市	37,900	4,800（13％）	6,300（17％）
富津市	18,100	1,500（8％）	3,800（21％）
袖ヶ浦市	23,200	4,600（20％）	3,300（14％）
	137,500	19,800（14％）	21,600（16％）

（　）内は、収集量に対するリサイクル率・処分率
4市とも資源化量は、年々増加しており、今後は資源ごみ分別収集の拡大などにより、さらに増大する計画である。
＊1：収集量
可能・粗大・不燃・資源・有害ごみ・集団回収
＊2：資源化量
資源ごみの分別収集及び粗大・不燃ごみからの資源化分、集団回収。
＊3：処分量
焼却灰、粗大・不燃ごみ残渣、資源ごみ残渣。

表11　第3セクターの事業採算性

	ステップ1	ステップ2
平均受託単価	36.4千円/t	35.3千円/t（20年間平均：35.4千円/t 0）
単年黒字	平成13年度（施設稼動1年目）	
累損解消	平成17年度（施設稼動5年目）	
累損MAX	3.2億円（平成12年度）	累損無し
借入金残高MAX	115億円（平成13年度）	254億円（平成18年度）
借入金返済	—	平成32年度（ステップ2最終年）

を建設する際、住民に『今後新たな施設をつくらない』と約束したから建設を承認した」という。話が違うというわけだ。

だがこの二つの反対運動が共同歩調をとることはなかった。連合会からみれば「利害が直接絡まぬ反対運動はすべて共産党の運動」なのである。

その後、連合会は三セク事業の終了後、施設をよそに移すことなどを条件に協定書に調印した。地元還元施設などを約束させたことはいうまでもない。

ごみの焼却炉を訴えて九九年来日し、全国各地を巡回したアメリカの化学者ポール・コネット氏は日本の印象を次のように語った。

「日本では大量生産・大量消費を目指す企業論理が優先し、ごみ減量よりも焼却施設の増設でこれに対応した」

かずさ臨海地区における新日鉄の巨大プロジェクトはまさに「大量生産・大量消費を目指す企業論理」の象徴といえよう。

環境ビジネススタート

同じPFIを名乗るプロジェクトが九九年一月、九州で立ち上がった。第三セクター「大牟田リサイクル発電株式会社」である。通産省と厚生省が連携した自治体への支援事業「エコタウン計画」の承認を受け、福岡県と大牟田市そして電源開発㈱を主要出資者として発足した企業体だ。

福岡県大牟田市（人口約一四万五〇〇〇人）は九七年三月の三井三池炭坑閉山を期に、〝新たな産業の創造〟を模索せざるを得なくなり、一方の電源開発側にもこの事業を成功させねばならぬ差し迫った事情があった。

電源開発、通称「電発」は九つの電力会社と大蔵大臣を株主とする国策会社である。ダムや水力発電の立地など、すでに初期の目的を達成し、二〇〇三年には完全民営化への脱皮を迫られている。そこで生き残りを賭けた新事業を模索しているうち、ＲＤＦ発電に行き着いたのである。

ＲＤＦという技術自体も行き詰まりを見せていた。九〇年代のはじめ、ごみを破砕して固めただけのＲＤＦ（固形燃料）が、夢の技術としてあまりにも華々しく登場したため、そのマイナス面が見落とされ、各地に製造施設がいくつも出現することになった。焼却工場より建設費が安い、石灰を入れて有害物質の発生を抑えるなどの〝利点〟が強調された結果である。九五年には国庫補助対象事業になって施設建設が促進された。

だが、いざ施設が動き出してみると製造工程でダイオキシンが出る、火災事故（静岡県御殿場市）を起こす、ダイオキシン対策のため通常のボイラーでは燃やせない、といった欠陥がわかってくるにつれ、肝腎の引き取り先がなくなり、製造したＲＤＦを処分場へ捨てるなどのケースも続出する。厚生省にも一端の責任があった。九七年の広域化計画の際、小規模自治体にはＲＤＦ施設の建設を推奨していたからである。

このままではＲＤＦの将来は暗い。そこでにわかに浮上してきたのが通産、厚生両省が仕組んだ大規模ＲＤＦ発電の国策化であった。

国はすでに九四年に新エネルギー大綱を示し、その中で廃棄物発電を重点項目のひとつにあげている。だが現行のごみ発電では安定性がなく、発電効率も悪い。これに対しＲＤＦは保存に耐え、輸送性にもすぐれている。プラスチック、紙も含めてＲＤＦ化するからカロリーも高く、安定性もあるというわけだ。

大牟田リサイクル発電（以下会社）は、いわば大きな受け皿である。参加市町村はＲＤＦ施設を建設し〝製品〟を会社に運び込む。会社は流動床ボイラーでそれを燃やし、大型タービンを廻す。まさに究極の資源循環システムという触れ込みのプロジェクトが動き出した。

ごみ減量と逆行

最終出資比率は福岡県と電発が三五パーセント（七〇〇〇万円）ずつ、大牟田市七・五パーセント（一五〇〇万円）、さらに地元金融機関から一五パーセント（三〇〇〇万円）、そして参加市町村には七・五パーセントが割り当てられた。参加団体が多くなれば個々の負担額は少なくて済む。福岡県だけでなく参加自治体の範囲を隣の熊本県にまで広げ、現在までに二八市町村が参加を表明している。一日あたり三一五トンのＲＤＦを受け入れ、二万六〇〇〇キロワットの発電規模にする模様である。

九〇年代半ばからの電力自由化で電力会社は他企業からの電力を受け入れはじめているが、まだ

写真９　RDF発電施設建設予定地（大牟田港近く）

まだ買い手市場である。売電形式はＩＰＰ（独立系発電事業または卸電力事業）と余剰電力メニューがある。前者は長期契約が可能だが、入札制のため、鉄鋼、石油、石炭など発電コストの安い業種が有利である。従って余剰電力メニューでゆくしかないが、値決め権はあくまで電力会社側が握っている。

稼働後十五年間の収支見通しは、収入二二六億円、支出二二二億円で、四億円の利益が出ることになっているが――。

売電単価は八円（キロワット時）と決められた。だが発電コストは一五円が見込まれ、これだけでは完全に赤字である。そこで参加市町村からＲＤＦ搬入の都度、トンあたり五〇〇〇円の持ち込み料（ティッピング・フィー）を徴収する。

だが各市町村からの搬入量が減ったり、不

慮のトラブルでゼロになったらどうするか。その場合、会社側は状況に応じてペナルティをとらざるを得ない。そうならないためにも参加市町村は途切れることなくＲＤＦをつくり続けることが求められる。そのため、参加市町村が恐れているのは住民の反対運動であり、いくつかの市町村は極秘裡に計画を進めているという。ここにも「ごみ減量と逆行する環境ビジネス」の論理がある。

さらに経営を確かなものにするためには国からの補助金が不可欠となる。果たして〝年間利益四億円〟は可能であろうか。

たとえばＲＤＦを燃焼するボイラーは流動床炉方式が予定されており、飛灰の大量発生は避けられない。その処理にかなりのコストを要する。現にＩＰＰによる発電を計画した企業が、環境対策費の多さに肝をつぶして撤退したケースがいくつもある。

すでに大牟田市周辺では、おおむた市民オンブズマン、大牟田ＲＤＦを考える母の会、グリーンコープちくごなど五団体が今回の計画に反対する運動を展開中である。

君津と大牟田――。この二つの地域に共通するのは〝住民自治〟の中に〝民間〟が割り込んできたという現実である。片や新日鉄、もう一方は電源開発だ。

キーワードは「企業の生き残り」である。「ごみ処理」は二十一世紀に向けた最有力な環境ビジネスとなった。

ごみは「生産活動」の総量を超えて排出され、それを処理し、受け入れるシステムがなくなれば産業活動がストップするとの危機感が依然として産業界に根強い。

その救世主として登場した新技術がガス化溶融炉であり、ＲＤＦ発電である。ごみを減らすのではなく、いつまでも排出しつづけねば成立しないこの二つの技術——。それはごみ処理広域化計画が生み出した矛盾の結晶でもある。

終章　何が問題なのか

今回の取材を通じて書きとめておきたい事柄がいくつかあった。

第一は科学技術なるものがその内側に抱える矛盾である。ある著名な経営評論家は「技術が汚したものは技術で必ず解決できる」といった。果たしてそうか。逆に「技術が引き起こした矛盾を技術で解消してきた歴史」が今日の環境破壊をもたらしたのではなかったのか。

第二にガス化溶融炉に象徴されるごみ処理新技術が、まぎれもなく「税金浪費型技術」だということである。しかも、各地の機種選定過程において理念や技術の評価など何の価値も持たず、機種は政治と利権で決まるのである。

第三にガス化溶融炉の安全性は本当に信頼できるのかという根本の問題だ。

技術をめぐる二つの矛盾

まず第一に「完璧はあり得ないのに完璧といわねばならない矛盾」である。

ガス化溶融炉を売り込む最大のセールスポイントは「ダイオキシンゼロ」と「スラグの再利用」に尽きる。だがその信頼性と安全性が十分に検証されたとはいいがたい。

ダイオキシンについては行政が出した数値が必ず「基準値以下」になっていることへの住民側の抜きがたい不信感がある。現に測定の日だけ活性炭を吹き込んだり（埼玉県所沢市）、炉の空焚き、塩ビ類の除去（大阪府能勢町）、あるいは兵庫県宍粟郡がやったような「風上の土壌を測定」など、一連の小細工を住民はさんざん見せつけられてきた。有力測定機関の談合もそれに拍車をかけた。加えてマイナス情報を出したがらない大企業と行政の体質がある。どんな状態の時に、どんな測定をやったのか。どんなごみを処理したのか。途中経過はどうだったのか。そうした情報を一切出さず、ただダイオキシンは限りなくゼロに近いから信じろといってもそれは無理な話だ。

スラグについてはその品質が問題となる。水砕スラグは単なるガラス状物質であり、そのモロさから亀裂を生じやすい。そこへ重金属を含んだ水砕水の汚れが浸み込む可能性も十分あると著名な研究者もいう。今後、灰溶融炉の普及もあってスラグの生産量は増加の一途を辿り、各地で山積みになる風景も遠い日ではないだろう。メーカーの引き取りにも限界があるからだ。

このほか「モデルプラントで成功したから実機でも大丈夫」などと根拠のない売り込みもまかり通っている。そのモデルプラント自体、多くのトラブルを抱えていたことはすでに見たとおりだ。

いくつかのメーカーに取材した結果わかったことは、カタログ上のPRと実証試験の内容に相当のへだたりがあることである。実証試験の約二割程度はカタログの言い分を肯定できるとしても、あとの四割は「そうなっている筈だ」のレベルであり、残りの四割は「そうなってほしい」のレベルにすぎなかった。

こうした状況にもかかわらず、メーカー側は「技術は完璧」といわざるを得ず、行政側は不安を感じながらも「ほかに選択肢がないから」と自らに言い聞かせている。

第二の矛盾は、かつて救世主のように登場した新技術が後日、「希代の悪玉」になったケースが跡を絶たないことである。電気集塵機が六〇年代に出現したとき、これで日本の大気汚染問題は一挙に解決、などと騒がれたものである。だが、「三〇〇度でダイオキシン再合成」報道で一気に嫌われ者になった。「ＰＣＢのない文明生活はない」といわれた時代もあり、フロンが登場した時は洗浄剤のトリクロロエチレンによる地下水汚染に悩む半導体メーカーを喜ばした。古くはＤＤＴがノーベル賞をとっている。ＲＤＦも九〇年代はじめには夢の技術ともてはやされ、九六年にダイオキシン日本一の汚名をとった兵庫県宍粟郡の環境美化センターも、発足時は東洋一の公害設備を備えた最新鋭工場として韓国などからも視察団がやってきたほどである。

要するに、どんなに優れたといわれる技術でも一定の年限を経てみないと本当の姿は見えてこないということだ。ちなみにストーカ炉は本格的な普及をみてから三十九年が経っている。どうしても焼却炉をつくらねばならないなら、身の丈にあった小さな炉を建て、分別と燃焼管理を徹底する途を選ぶべきであろう。

理論的には卓抜でも、まだ不透明な部分の多いガス化溶融炉は五年か十年後、実社会の中で十分に検証されてから導入しても遅くはないだろう。その時、メーカーの何社が残っているかが問題なのだが――。

ガス化溶融炉は「税金浪費型技術」

とりあえず実例を二つあげておく。

ひとつは「一二二億円の大型プラント建設がわずか二七億円の支出で済む」という耳寄りな話である。

九九年十二月二十五日、千葉県習志野市第四回定例本会議は、同年七月にいったん否決した直接溶融炉導入案件を逆転可決した。その時の議事録から「わずか二七億円」の仕組みを見ておこう。

炉は新日鉄の直接溶融炉で、その規模二〇一トン（六七トン炉三基）。当時の契約金額は一二一億七四七五万円であった。それが二七億円に圧縮されるためには四つの恩典があると同市財政部長が議場からの質疑に答えている。

財政部長・清宮英之君「（まず第一に）当初段階では国庫補助金が約四五億八〇〇〇万円でございましたけれども、今回の契約後の予定でいきますと六一億一〇〇〇万円という形で、国庫補助金にして約一五億二〇〇〇万円の増額となります（原文のまま）」。

これはダイオキシン対策のため、九九年度から国庫補助金枠を建設単価の四分の一から二分の一に引き上げられたための〝増額〟であった。

第二のメリットは補助金の増額に伴って地方債がその分減ることだという。すなわち事業費から特定財源である国庫補助金を差し引いた額が地方債の額となり、これが一〇億円の減になる。

三つ目の恩典はプラント建設費と元利償還に対する普通交付税の算入だ。説明が煩雑なので、財政部長の説明を要約すると、国庫補助枠の拡大で三億五五〇万円の支払い義務のあるところ、全額が地方交付税に算入される。そこで四年間で建設にかかわる習志野市の税負担はゼロになるのだという。

「それからもう一点、国庫補助金の裏負担分として地方債は九五%見てもらえます。このうちの二〇%は財源対策債といわれているもので全額交付税に算入される、いわゆる国が面倒みますよという借金になっております。当初の段階では、この財源対策費は八億七一〇〇万円見込んでおりました。これに対して今回の補助枠拡大後の財源対策債というのは一二億二〇〇〇万と、こういうような数字になっております。したがってこれらを差し引きいただいたなかでいまT議員さん御指摘のありました市民の負担というのはどうなるかになりますと、この元利償還金等を含めますと約二七億。これは平成十二年度から二十九年度まで、いわゆる元利償還の年限も含めますと二七億円の負担と、こういうふうになるわけでございます」

以上の答弁に対し、質問者のT議員は次のように念を押している。

「ということは、この時期を逃してはこれだけの市民負担の低い額では清掃工場はできない、わたしはそのように理解しますけれども、環境部長、そういう理解でよろしいんですね」

環境部長・大野耕造君「ただいま御指摘のとおりこの時期を逃しますと、もう習志野は平成十四年十二月一日以降炉がストップすると。そしてちまたにごみがあふれると。もっとも処理可能であれば他市にお願いしたり、あるいはまた民間業者にお願いするわけでございますけれど、そういうことを食い止められるというふうに考えております」。

何とも豪気な話である。二七億円で一二二億円の買物。まさにバブルである。この迫力の前ではチマチマと缶、ビンの分別など阿呆らしく思えてくる。

要するに国にトコトン面倒見させ、いまのうち大きなものをつくってしまった方がトクだといっているわけだが、本当にそうか。

「この期を逃したら町にごみがあふれる」というデマゴーグを振りまくに至っては行政マンとしての資質すら疑われる。

仮に国家財政そのものがおかしくなったら積木外しゲームのように微妙に仕組まれている〝引き算の論理〟も一朝にして崩れ去ってしまうのである。しかもランニングコストに対する国庫補助制度はないから（あくまで当初の建設費のみ）、まさに孫子の代までツケを残すことになりかねないのだ。

次に人口四万人の三重県亀山市の事例である。ここでも新日鉄の八〇トン炉を建設、二〇〇〇年三月から正式稼働に入った。旧施設は四〇トン炉だからモロ、二倍の規模であり、総事業費は七一億七一五〇万円。規模が二倍になった理由として市の言い分は「埋め立てを終えた処分場を掘り起こしそれを溶融する」というのだが、市民にそれを積極的にPRした形跡はない。

この問題は新日鉄プラントの優位性、亀山市の先駆的取り組みを伝える絶好の話題としてマスコミも大きく取り上げた。

だが市の庁舎にはプラントの模型が展示してあるものの、掘り起こしごみ溶融に関するPR資料はない。なぜか市はその話題を避けている様子なのだ。

現に筆者が二〇〇〇年六月、同市生活環境課に「掘り起こしごみの溶融」について照会したところ、「今後計画して進めていく事業であり、まだ提供する資料はない」という返事がきた。これも腑に落ちない話で、必要以上に大きな炉をつくる根拠となった計画の青写真がまだ存在していないという。本来、市のステータスにもなる話なのに――。

同じような思いを抑えきれない市民がいた。九九年九月二十四日、同市在住の女性三人が「亀山市清掃センターごみ溶融炉建設における公費の無駄遣い措置請求」を同市監査委員に提出したのである。ずばり炉の規模に対する契約金額が異常に高すぎるという請求であった。

請求の根拠として厚生省の外郭団体、廃棄物研究財団が試算した金額との開きをあげている。同財団の試算は四九億二七〇〇万円。金額を炉の規模で割り返してみると建設単価はトンあたり六一五〇万円。とりあえずは〝世間相場〟であった。

ところが実際の契約金額だと建設単価は約九〇〇〇万円。どう考えても不審な金額というべきであろう。「契約の当事者である市長はその差額、二二億四四五〇万円を市に返還せよ」というのが請求の趣旨である。

だがこの請求は当たり前のように退けられた。二三億円余も金額が高いのは土要設備のほか、土地造成費、監視装置、掘り起こしごみ処理設備に加え、消費税が含まれているというのである。これを不服とした女性三人は九九年十二月十五日、弁護士もつけず本人訴訟で市長を三重県津地裁に告訴した。

訴状は女性たちが参考書を見ながらつくった。第一回口頭弁論で女性たちは難解な用語を何度も聞き返し、裁判官も被告側弁護士も困ったように苦笑したという。

現在まで〝弁護士抜き〟の裁判はすでに五回つづいている。

二〇〇〇年二月、思いがけない事実が明るみに出た。それまで亀山市民のごみと市内の事業者が出す産廃に限ると表明していた市長が、隣の関町のごみを受け入れると、市議会全員協議会で表明したのである。日に六トン程度だが、市民としてはなぜ最初からそれを議会に諮らなかったのか、度重なる不信感を拭えずにいる。

いくら過大な施設をつくるのが行政の本能としても、このケースはひどすぎる。しかも炉の老朽化に悩む関町からごみ処理の受託を依頼されたのは二年も前の話であり、それまで市長は水面下で交渉を続けていたという。

ガス化溶融炉は本当に安全か

「炉内圧が上昇し、脱硝設備（有害ガス除去装置）の差圧が高いため蒸気量を調節して様子をみたが

炉内圧が下がらないため内部点検を実施する」（大田清掃工場第一工場）
「回転キルンの出口にクリンカー（溶けて冷えた固まり）の生成がＩＴＶで確認された。焼却量を調整し、様子をみたが、堆積量が増加したため休炉する」（大田第二工場）
「クリンカー落下による流動不良から休炉する」（豊島清掃工場）
「脱硝設備及び吸収冷却塔、配管の詰まりにより休炉して清掃し、点検する」（練馬光ヶ丘清掃工場）
「乾燥ストーカの火床温度上限発報（警告装置）により乾燥ストーカ下シュート（落とし口）廻りを点検したところ、煙と熱気により内部火災を確認したため休炉する」（新江東清掃工場）
右は東京都清掃局が二〇〇〇年三月中に作成した事故報告の一部である。東京都（二三区部）には現在一六の清掃工場が稼働中で、事故報告は一週間単位にまとめられ、工場管理部長名で各工場長宛てに伝えられる仕組みだ。記述がそっけなく事務的である分、有無をいわせぬ迫力がある。
事故は多い週で八件、少ない時でも三件は起きていた。ちなみに二〇〇〇年二月二十日から同年八月二十二日までの事故件数は一四五件となっている。中には「洗煙塔入り口、エキスパンション・ジョイント破損により燃焼ガス漏洩のため休炉する」（二〇〇〇年五月二十二日・大田清掃工場第二工場）などという物騒な報告も少なからず混じっていた。ボルト一本の破損程度で大事故につながりかねない危うさを持っているのがごみ焼却工場なのである。
当然のことながら工場内部で働く従業員の労働環境にも少なからぬ影響が及ぶ。以下は五年前（一九九五年）、ある工場の労働組合支部がまとめた安全集会記録の一部である。

「（九四年）九月十日、二号炉内清掃中の下請作業員がクリンカーローラー部より土灰シュートに転落し、右足股関節脱臼と骨折に至った」（江東区有明工場）
「報告が遅れて申し訳ないが（九五年）四月二十　日、塩酸ガスの事故が起きた。被災者は急性ガス中毒で倒れ、診断は全治一週間だった」（多摩川工場）
「薬品の事故がつづいている。ＯＨ（オーバーホール＝施設を止めての定期点検）中に二件の事故があった。二名が苛性ソーダを顔に浴びた。またバルブ取り替え後の検査中にアンモニアが残っていたため事故。整備の技術職員が二時間にわたり洗顔するが、三菱の社員（施工は三菱重工業）はそのまま入院した」（有明工場）
「搬入量が過大であり、無謀な搬入計画ということで団交。五月八日、脱硝設備停止後に安水（アンモニア水）を排出したところ、アンモニアガスが噴出、幸い逃げたため被害はなかった」（足立工場）
「六月十日、冷却ＰＨ計（酸とアルカリ濃度の測定装置）下限警報が作動、サンプリング管から塩化水素ガスが漏れていた。何分かして緊急バイパスが開いた。その生ガスは煙突に流れることになる」（杉並工場）
東京都内一六工場は古いところで葛飾の一九七六年八月、もっとも新しい工場の豊島は九九年六月と、稼働開始年月はまちまちだが、事故はほぼ万遍無く起きている。
現に豊島（石川島播磨重工業の流動床炉）では稼働直後から二〇〇〇年二月末までに一号炉、二号炉（同工場は二〇〇トン炉二基）合わせて一一二件の事故とその補修経過が記録されている。いくら「稼働直後にトラブルはつきもの」といってもこの数は限度を超えている。

焼却炉の本流であるストーカ（火格子）炉は本格普及から四十年、流動床炉は約四半世紀の年月が経っている。多くの技術的難関を克服し、それなりのノウハウが確立されている筈にもかかわらず、こうした事故が跡を絶たないのは、「どんなごみが」「いつ」「どんな形で」入ってくるか予想できぬ〝ごみ焼却〟の持つ宿命というほかはない。

それならガス化溶融炉は焼却を伴わないからこうした事故とは無縁であり、安全性は十分保障されているといい切れるのだろうか。否である。

まずガス化溶融炉最大の売り物である〝超高温〟にいま、多くの疑問が集まっていることだ。

高温連続焼却によってダイオキシン類濃度の低減化は辛うじて達成されているものの、逆に窒素酸化物、低沸点重金属類の揮散が常に問題になっていた。それに加え、最近では多環芳香族炭化水素（PAHs）とこれにニトロ基がついたNitro—PAHsが発生することが研究者の間で確認されており、次のような予測も行なわれている。

「今後Nitro—PAHsによる環境汚染は焼却施設の高温化によってさらに進行し、その精製比率はより高くなるだろう」（第九回環境化学討論会、二〇〇〇年六月）。

次にモデルプラント運転中のトラブル実態は廃棄物研究財団の技術評価書にわずか一部触れられているだけであり、しかもそれは一般に公開される性格のものではない。モデルプラントの十倍以上の規模となる実機（本プラント）で起こるであろうトラブルについては、これから起こり得る近未来の問題なのである。

原発と同様、事故は起こり得ることを前提に、その対応策を明らかにする義務がメーカー側にある。

だが、「情報を公開しない」「責任の所在を明確にしない」「問題を先送りする」ことが当たり前のこの国の官僚、企業の体質によって、これまで技術に関するマイナス情報はことごとく隠されてきた。寄らしむべし、知らしむべからず、である。それが明らかになるのは常に想像以上の大災害が起きたときだけであった。

前述したような事故情報が日の目をみるようになったのは、ここ数年の情報公開運動の成果というべきであろう。それでもなお、内部情報が外に洩れた場合の苛烈な犯人探しは日常化している。

こうした日本の実情と対照的に、ここ数年、「限りなく順調」に動いている筈のガス化溶融炉をめぐり、ヨーロッパからキナ臭い話が頻繁に聞こえてくる。

ある時は現地の新聞から、ある時はインターネットに乗って――。

一九九八年八月十二日のシーメンスガス漏れ事故（第一部第三章に詳述）は、さすがヨイショ記事専門の業界紙もこれを詳しく報道せざるを得なかった。

しかし九九年二月に起きたPKAプラントのガス漏れ事故を報じた専門紙（誌）は寡聞にしてひとつも見当たらない。

ＰＫＡ熱分解システムは第二次世界大戦中、乾留（蒸し焼き）による木炭エンジンの開発を手掛けたドイツの発明家、カール・キーナ（一九八九年没）によって実用化された。このシステムは一九八九年、ドイツのオストアルプ郡議会で採用が決定され、九一年、同郡とベンチャー企業ＰＫＡ社との間で導入契約が交わされた。

このプラントは同郡アーレン市の家庭ごみ処理施設として許可申請が提出され、その書類は住民にも公開された。

だがこの許可通知に対し九四年、近隣住民から異議申し立てが出された。そのため設計の一部が変更され、オストアルプ郡の保証が下りて九六年十一月二十二日、ＰＫＡプラントは着工に入った。そのＰＫＡと東芝は九七年十二月十五日に技術提携契約を結んでいる。

そのアーレン市のプラントがガス漏れ事故を起こしたのは九九年二月二十二日のことであった。当時の地元紙『シューウェビッシュ・ポスト』は事故状況を以下のように伝えている。

「緊急スイッチが入った。ガスが過剰となったとき、それを燃焼させてしまう装置に焔が点火せず、外部にガスが漏れたのである。州議員のパウエルがこの事実を知ったのは事故から二日目の二月二四日だった。ＰＫＡ社はこの事故のあと、もうひとつの安全バーナーを点火個所に設けるとのことだが、透明性が売り物のＰＫＡ社の信用を失墜させることとなった。近くの住民によるとヒリヒリする刺激臭に加え、舌と喉が焼けるような感じがしたという。黒い煙は午後二時二十三分にアーレンの消防署に通報があってから二時五十分まで出ていた」（要約）

同紙によれば、九八年秋にＰＫＡのプラントが立ち上がったとき、州の議員とごみ収集会社ＧＯＡの役員および州の財務局長が集まり「ＰＫＡの本格稼働がスムースに行なわれるとは思えない」との会話が交わされたとのことである。

ドイツ国内ではＰＫＡ社の製品に限らず、十年も前から「家庭ごみの熱分解」について疑問視する声が多かったという。すなわち、①空気が入るべきでないところに入ってしまったり、②突然乾留ガスが大量に噴き出ることがある、などの経験からであった。いまドイツ全体にガス化溶融炉を安易に受け入れることへの反省気運が生まれているとのことである。

そしてつい最近、飛び込んできたのがイタリア、ドイツなどで華々しい事業活動を展開しているベンチャー企業のサーモセレクト社が、九〇年代はじめから半ばまでに引き起こした数々のスキャンダル情報である。すなわち無許可操業、有害廃棄物違法貯留、爆発事故、役員の汚職事件など――。これらは環境保護団体グリーンピースから入ってきた検索情報だが、現在でもサーモセレクト社のプラントに何らかの異変が起きているとのことでカールスルーエ市周辺の市民団体が立ち上げているホームページにアクセスしてみた。以下はその概要である。

市民の自主調査活動に加え、地元の有力紙、ブントの機関誌、カールスルーエの広報などにより構成されており、奈良の環境運動家・別処珠樹氏が原文を忠実に追って要約してくれたものである。

《南ドイツの仏国境に近いカールスルーエにあるサーモセレクトの施設は、年間ごみ処理量二二万五〇〇〇トン（七万五〇〇〇〇トン三系列）である。

カールスルーエ郡における年間ごみ量は九万五〇〇〇トン、カールスルーエ市は七万五〇〇〇トン、またラシュタット市とバーデンバーデン市をあわせて五万五〇〇〇トンとなっている。

カールスルーエ市によると、施設建設費は二億五〇〇〇万マルク（約一二〇億円）、九九年十二月の事故以来[注]、六五〇〇万マルク（約三〇億円）追加。さらに一〇〇万マルク（五〇〇〇万円）の単位で費用が脹らみつつある。燃焼室[combustion chamber]の事故は事故というより建設ミスであることが判明していて、完全にあたらしい燃焼室が必要であるようだ。

それだけではなく、炉頂部や低温の熱交換装置もかなりやり直しが必要になっている。運転能力が落ちて、二〇〇〇年四月には四時間三十六分、五月は十一時間二十六分、六月は二十七日に運転を中止するまでに二十三時間四十一分しか運転できていない。

（注）九九年一二月の事故

バーナー内部は一万六〇〇〇時間の運転に耐えるよう設計されていたが、実際には六〇〇〇時間運転しただけで、更新が必要な重大事故を引き起こしてしまい、まだ運転できないでいる。九九年十二月二十二日の『フランクフルト評論』紙によると、高温反応炉内部のレンガが広い面積にわたって崩落した。集塵機の周りの冷却水温度が異常に上昇した。鋼鉄で被覆した反応炉が高熱の作用で破れ、爆発の可能性もあった。サーモセレクトの技術者は、このことを知らなかった。これは、すでに施設で何年も働いているエンジニアによって確認されている。九九年十二月十七日の『カールスルーエ市広報』は、ごみ反応炉内部のレンガ破損部を張り替える必要があり、操業再開はかなり遅れるだろうと書いている。事故が完全に隠されていたことに対して抗議の声があがっている。》

なぜ、欧米先進国でトラブル情報が相次ぎ、日本ではそれがないのか。考えれば簡単なことだ。欧米には日本ほどの官民癒着が少ないからであり、人権意識の旺盛な市民の監視組織がそれを許さないからである。

なお、前出のＨＰは www.goedeka.de/karlsruhe/thermoserect.html

ダイオキシン対策にならないガス化溶融炉

ガス化溶融炉を採用すればダイオキシンは完全分解……。各メーカーのカタログには例外なくこの文字が躍っている。だが、この表現は一種のトリックというべきだ。ユーザー側（自治体）が分解イコール消滅と思い込んでしまうからである。

ダイオキシンの分解とはベンゼン環から塩素が一時的に剥がれることであり、決して消滅ではない。ベンゼン環そのものは壊れることなく高温の排ガスとともに炉外へ飛び出て行く。その排ガスが冷却される過程で飛灰（ばいじん）中の銅、亜鉛、鉄分などの重金属類が触媒となり、ダイオキシンは再合成される。いわゆるデノボ合成であり、特に排ガス温度三〇〇度前後で顕著となる。

それを防ぐため、一二〇〇度の排ガスを一気に七〇度まで急冷し、ダイオキシンの再合成を防ぐという方式を採用しているメーカーもある。だがそこに使用される冷却水の量はハンパではなく、使い終わった水の処理が大きな課題となっている。クローズドシステムといってプラントの外に排出しないといっているが、それを立証する水収支が公開されることはない。このようにひとつの難条件をクリアしても、また別の難問が生ずるという悪循環がこの種の技術にはつきものなのだ。

以上みたように、高温だけがダイオキシン削減の決め手とはならない。そこでバグフィルターなる高価な集塵装置の取付けが必要になるが、それでも不十分ということで、活性炭吸着装置を取り付けたり、バグフィルターのあとに触媒反応塔をつけるという方式が流行っている。

もともと「袋状のフィルター」にすぎないバグフィルターで捕捉できるのは、固形状のダイオキシンだけなのだ。焼却炉からの飛灰は炭素分（固体）が多く、大部分が吸着されるが、溶融炉からの飛灰は炭素分が乏しく、半ばガス状になったダイオキシンはバグフィルターをスリ抜けてしまう。そこでダイオキシンを活性炭に吸着させ、ダスト状にした上で捕捉する必要がある。そのあと触媒反応装置で再分解させれば、とりあえず厚生省の示す数値はクリアするだろう。

しかし活性炭はむろんのこと、触媒装置に使われるチタンやバナジウムなどの金属類が高価なことや、分別していない雑多なごみが投入されることで、窒素酸化物や硫黄酸化物による触媒の劣化が避けられず、ランニングコストはかなり嵩む。

このようにやたらコストのかかる設備をつけてまで、何でもありの廃棄物を溶融するやり方が理想的な「ダイオキシン対策」なのだろうか。日本サムテックという焼却炉メーカーの社長が次のようなことをいった。

「いくら後段のバグフィルターや活性炭吸着が優秀だとしても、炉の方で発生量を抑えてくれなければすべてを（装置側で）背負いきれるものではない」（「ダイオキシン類と廃棄物焼却」日報刊、九八年）

ある技術評論家は「技術で汚れたものは技術でキレイにできる」と豪語した。こうした技術偏重にもたれかかる〝ダイオキシン対策〟の対極にあるものが「ごみ管理」という考え方である。これは有害物質を含む廃棄物のタレ流しをやめ、生産段階からの発生抑制を図ろうというグランドデザインである。

この考えを提唱した同志社大学の郡嶌孝教授による「ごみ管理」の順位づけは以下のようになっている。

第一レベル　ごみ回避（アボイダンス）

第二レベル　ごみ減量（ウェイストミニマム）

第三レベル　リユース（再使用）

第一レベルの「ごみ回避」とは、モノをつくる段階でリサイクル可能な設計を行ない、ゼロエミッション（廃棄物ゼロ）のシステムを実現することである。当然、有害廃棄物の無害化、生産・流通・消費に至る全過程に責任を負う「拡大生産者責任（ＥＰＲ）」の完全履行が前提となる。

第二レベルの「ごみ減量」とは、ごみ処理の施設を最小にして、それ以上のごみは受け入れないという一種の総量規制である。つまり、受皿を縮小してごみ減量をはかろうという考え方だ。

第三レベルの「リユース」は、文字通り繰り返し使うことで、使い捨て商品の製造禁止を含む概念である。

郡嶌氏によればここまでが「ごみ管理」で、たとえばガラスビンを壊してまたガラスビンにする素材リサイクルなどは入っていない。そこに投じられるエネルギーが大きすぎるからである。プラスチックを油にするとか、ＲＤＦにするいわゆるサーマル（熱回収）リサイクルも同様に「ごみ管理」とは無縁である。

こうしたランクづけの最後に位置づけられるのが「焼却・埋立て」で、どうしても最後に残る、必要悪としての「ごみ処理」なのである。ところが日本ではいまなお「焼却・埋立て」路線から一歩も脱け出ておらず、ガス化溶融炉に象徴されるごみ処理新技術も、その延長線上の技術でしかない。

しかし厚生省の権柄づくの指示により、全国至る所で広域ブロック化という非民主的な行政組織が生まれ、中身の論議抜きに大型溶融炉（または焼却炉）の導入が機械的に決められようとしている。これのどこがダイオキシン〝恒久〟対策なのか。

「ダイオキシンを減らすことは、ごみを減らすこと……」。いま全国の心ある市民の実感はそこにある。

【用語解説】

●**アスファルト骨材**：アスファルトは石油精製の際に出る残留物。そこに混ぜる砂や砂利を骨材と呼び、道路舗装に用いるが、溶融スラグを骨材にすることは危険（→スラグ）。

●**安定型処分場**：「水に浸かっても有害物質が溶け出さない」廃棄物を受け入れる処分場のこと。金属くず、ゴムくず、ガラス・陶磁器くず、プラスチックくず、およびコンクリートがらを安定五品目と呼び、その処分場は水処理も必要ない素掘りの穴である。だが実際は多くの有害廃棄物や有機系のごみが大量に投棄されており、本来、廃絶されるべきものであったが、九六年の法改正では対象物の一部を制限しただけでこれを残してしまった。ちなみに九六年度における全国の安定型処分場数は一七七三カ所。

●**エコセメント**：焼却灰をセメントにする技術。セメント原料は珪石、石灰、酸化鉄および粘土。これを配合の上、一四〇〇℃以上の高温で焼成する。焼却灰にはこれらの原料と同じ成分が全部、あるいは一部含まれており、これを使えば元の原料は半分で済む。焼却灰に含まれる塩素分が問題で、鉄筋用には使わない。東京都多摩地域が日の出第二処分場の延命策として採用する方向だが、地元住民からは「エコセメントがごみ焼却の免罪符になる」として警戒の声があがっている。千葉県のエコタウン事業（別掲）でも環境悪化を心配する住民の反対運動が強く、事業がＰＦＩ（別掲）だったため、事業者の太平洋セメント（株）はやむなく建設場所を他へ移さざるを得なくなった。

●**エコタウン事業**：通産省が厚生省と連携し、地方自治体が策定した廃棄物ゼロ推進計画（エコタウンプラン）に補助金を出して支援する事業。千葉県のエコセメント計画、福岡県大牟田市のＲＤＦ発電事業などが承認された。

●**拡大生産者責任**（ＥＰＲ）：生産から流通、消費、廃棄、リサイクル、処理・処分に至るまで生産者が責任を負うべきで、その費用も生産者が負担すること。この考え方はＯＥＣＤ（経済協力開発機構）が公正な競争原理を貫くため、各国に採用を勧告したものである。

●**活性炭**：気体や色素の分子などに高い吸着能力を示す炭素質の微粒子。ヤシ炭、褐炭、泥炭などを主原料とする。溶融飛灰のダイオキシンはガス状のため、バグフィルターをすり抜けてしまう。そこでバグフィルター（別掲）手前で活性炭を噴霧し、ダイオキシンを吸着させてバグフィルターで除去する。バグ下流に「活性炭吸着塔」を設ける方法もある。

●**管理型処分場**：構造基準で定められた最終処分場のひとつ。底部に遮水シートを敷き、浸出水を無害化処理することが義務づけられる。素掘り同然の安定型処分場にくらべ建設コストは高い。

●**乾留炉**：密閉構造の炉を使い、理論空気比以下の状態で廃棄物を燃焼させると蒸し焼きの原理でガス化される（おおむね五〇〇～六〇〇℃）。その生成ガスは次の燃焼室で空気の供給を受け、高温燃焼を起こす。ガス化溶融炉の前段処理と似ており、プラスチック、ゴム、医療廃棄物など、主として産廃焼却炉に多く用いられる。

●**キャスタブル**：焼却炉内で使われる耐火レンガ類。

●**キレート樹脂**：俗称カニの鋏。重金属を水飴のように包み込んで封じ込める。ただしコストは非常に高い。

●**空気比**：モノを燃焼させる時、理論空気比（Ｌ０）だけでは完全燃焼を期し難いため、それより多めの空気量Ｌを供給せねばならない。この場合Ｌ＝　・Ｌ0で表され、λ（ラムダ）を空気比あるいは空気過剰率と呼ぶ。連続ストーカ炉では一・四～一・八程度と理論空気比の二倍近くを供給するが、ガス化溶融炉では一・三程度とかなり小さい。

●クリンカー：焼却炉の炉壁や火格子に付着するカス。酸素の通りを悪くする。

●コークス：石炭を加熱し、揮発分を除いた多孔質の固体。発熱量が大きく、理想的な燃料である一方、溶鉱炉内の還元剤として多用される（→高炉還元）。

●国庫補助金：地方財政法第一六条に規定される国庫支出金の一つ。清掃事業における国庫補助金制度は一九六三年度からスタートした生活環境整備五カ年計画とともに始まった。折しも東京オリンピックの開催で、ごみ箱などが街にムキ出しになっている風景を海外に紹介されるのはまずいという国家の面子がそこにあった。本来、清掃事業は市町村の固有事務だから、地方税など自主財源で身の丈にあった施設づくりをすべきなのに、国庫補助金をとりたいため、過大な施設をつくる本末転倒の事態がいまもって跡を絶たない。国庫補助金が何よりも自治体の国への依存体質を強めている現状がある。

●ゴミ弁連：「闘う住民とともにゴミ問題の解決をめざす弁護士連絡会」の略。九八年四月二十五日、大阪で旗揚げ総会を持ち、現会員は九三人。全国で公式に登録されている弁護士数は約一万七〇〇〇人だから、ゴミ弁連は〇・五％の勢力にすぎない。だがここ一年に限っても、会員の手掛けるごみ裁判に勝訴事例が多い。会長は梶山正三氏。

●高炉還元：高炉とは溶鉱炉のこと。炉の最上部から鉄鉱石とコークスを交互に入れ、下部の穴（羽口）から高温空気を送り込むとコークスが燃焼して高温ガスが発生する。次いで鉄鉱石に含まれる酸素がガス側に移行して鉄が取り出される。これが酸化と逆の還元作用である。ここでいう高炉還元とはコークスの代わりにプラスチックを使おうという技術で、ドイツのブレーメン社が開発した。ＮＫＫと技術提携し、九六年秋から京浜製鉄所で稼働がはじまっている。

●サーマルリサイクル：熱回収リサイクルなどと訳す。だがこれをリサイクルと呼ぶべきではない。ごみを燃やして発電することもリサイクルになってしまうからだ。プラスチックを油化したり、モノマー（単量体）として回収するケミカルリサイクルと同様、大量廃棄・大量リサイクル時代の象徴というべきである（→マテリアルリサイクル）。

●産廃：産業廃棄物のこと。廃棄物処理法では燃えがら、汚泥廃油、廃プラ、廃酸、廃アルカリ、その他政令で定めるもの（全部で一九品目）としており、それ以外のごみが一般廃棄物（一廃）である。

●資源循環型社会：「リサイクル社会」ではなく、なぜ「資源循環型社会」なのか。ひとつは前者がすっかり手垢にまみれ、言葉としての訴求力を失ったこと。もうひとつはこれまでのリサイクル運動が、結局はごみを選り分けて積み上げるだけに終わったためである。だが資源循環型社会づくりは廃棄物の排出抑制、産業社会による製品の回収義務にまで行き着かねば完結しない概念である。にも拘らず、この言葉を口にしながら行政は平気で過大な焼却施設を今日もつくりつづけている。

●触媒：それ自体は変化せず、他の物質の化学反応を仲介し、その速度を早めたり遅らせたりする物質。九六年前後からダイオキシン類の分解に触媒を使う動きが急浮上してきた。主成分はチタン系金属酸化物で、形状はハニカム（蜂の巣）状が多い。アンモニアを添加することで窒素酸化物も分解可能とメーカー側はいうが、ごみ質によっては触媒の劣化が激しく、多額のランニングコストを要する。

●循環型社会形成推進基本法：二〇〇〇年五月九日、第一四七通常国会で他の廃棄物関連六法案といっしょに成立した。自民党案に公明、保守両党が同調したものである。これで事態は格段によくなるのか。逆である。このように屋上屋を重ねるような法案が乱立するということは日本の廃棄物行政がもはや二進も三進もいかなくなったことを意味するものだ。しかも二十一世紀の環境政策を左右する重要法案を、国民的論議なしに与党三党だけの密室協議でとり急ぎ成立させたことは、明らかに六月の総選挙対策であった。中身も拡大生産者責任を明確にしないなど、存在することが却って害になるような法律といわねばならない。

●ストーカ炉：固定した火格子の上にごみを投入し、燃え切ったら灰を掻き出してさらにごみを投入するというやり方が六〇年代初頭までのごみ焼却だった。その後、火格子を機械で動かし、ごみを移動させながら焼却する方法が登場する。これがストーカ炉である。連続炉（二十四時間）、准連続炉（十六時間）、バッチ炉（八時間）に分かれる。

●スラグ：灰溶融炉やガス化溶融炉で最後に出てくるガラス状の黒い結晶体。重金属類を封じ込めるというが、酸性雨などで溶け出す可能性が問題となっている。同義語でノロ。溶融スラグともいう

●性能指針：ごみ処理施設に国庫補助を支出する根拠は長い間、厚生省の決めた「構造指針」によるものとされてきた。それによると焼却炉はストーカ炉か流動床炉だけがその指針に合致し、ガス化溶融炉は指針外施設として扱われていた。そのため廃棄物研究財団の技術認定が必要だったが、九八年十月、その仕組みを改め、一定の技術要件を満たしていればよいことになった。その性能評価は各自治体にまかされるが、事実上不可能に近いため、全国都市清掃会議など評価を代行する機関等に委託することになる。

●ゼロエミッション：一九九四年、日本に本部を置く国連大学が提唱した概念。「あらゆる廃棄物は他の部門における原料に転換さるべき」というもの。たとえばAという工場から排出される酸がB工場でアルカリの中和剤になる、といったイメージである。だが現実にはコスト、品質、輸送条件など、多くの壁があり、結局、廃棄物をセメントキルンに放り込む、溶融スラグを路盤材に使うなど、「大量廃棄の受け皿づくり」にこの言葉が利用されているケースが多い。

●全国都市清掃会議：略称・全都清。一九七四年、東京都、大阪市など五大都市の清掃事業協議会が集まり、

都市清掃会議を組織したのがその始まり。その後清掃事業の経営および技術に関する調査と研究、情報の収集、広域処理などを事業目的に一九七六年七月、社団法人組織として厚生省の認可を得た。現在四七一市、二一特別区、一三町、一村、一九八事務組合が正会員となっている。役員や事務局の幹部クラスは各都市の退職幹部で占められており、典型的な天下り組織のひとつであるが、厚生省の国庫補助金支出対象を決める要件が構造指針から性能指針に変わったため、指針外（構造指針に合わないという意味）という概念がなくなり、それまで廃棄物研究財団の分野だった技術評価を全都清もできるようになった。→廃棄物研究財団

●**第三セクター**：国や自治体などの〝公共〟と〝民間〟企業が共同出資して設立する経営組織。公共の計画性と民間の効率性を合わせ持った理想の組織という触れ込みだが、議会のチェックもきかず、双方もたれあいの無責任体制が実情。土地開発、リゾート開発などで、いまなお地域社会に多大の損害を与えているにも拘らず、ごみ処理、RDF発電の分野でまたぞろ動きが活発になっている。

●**チャー**：黒焦げを意味する英語。転じて未燃物、燃え残りのこと

●**中間処理**：破砕、焼却、乾燥、中和処理など、最終処分に対する概念。清掃工場はむろん中間処理場である。

●**超臨界水**：液体と気体の両方の特徴を持つ物質。液体の大きな分子のまま、気体のように活発に動くため、どんな物質でもよく溶かすという。温度三七四℃、圧力二二ＭＰＡ（水深二二〇〇メートルの海底圧力と同じ）で臨界点に達し、ＰＣＢでもダイオキシンでも完全に酸化分解するという救世主のような物質だが、このパブリシティは何やらフロン登場の時とそっくりである。

●**東京ゴミ戦争**：一九七一年当時、東京二三区の不燃ごみと焼却灰は江東区地先の「第二夢の島」（現若洲ゴルフリンクス）が一手に引き受けていた。そこを拡張したいという東京都の要請に対し、不公平だ、他の区に

もっと清掃工場をつくれと江東区議会が抗議。七三年には建設反対運動の渦中にあった杉並区からの清掃車を入り口で阻止する騒ぎとなった。ゴミ戦争の心労で時の都知事・美濃部亮吉氏は命を縮めた、といわれる。

●電気集じん機：平均二～五万ボルトという直流高圧の電極にコロナ放電を起こさせ、その間隙にボイラーからの排ガスを通すとそこに含まれる煤じんがマイナスに帯電する。これをプラスの集塵板に吸着させ、排ガス中の微粒子を捕捉する。六〇年代にこれが登場した時は公害防止装置のチャンピオン扱いされた。しかし低温腐食を避けて三〇〇℃という温度域で運転するため、その温度域がダイオキシンの再合成につながった。いまは〝悪の権化〟となっている。

●燃焼の３Ｔ条件：完全燃焼を達成するためには、①Temperature（温度）、②Turbulence（攪拌）、③Time（滞留時間）の３Ｔが過不足なく揃うことが必要。しかしその達成（燃焼管理）は至難の業とされている。

●能勢公害調停：大阪府公害審査会にかかっていた大阪府能勢町の豊能郡美化センターの高濃度ダイオキシン汚染公害調停は二〇〇〇年七月十四日、一年十カ月ぶりに成立した。内容はセンターを建設した三井造船側が責任を認め、地域の損失補補塡に約七億五〇〇〇万円を支払う、等。しかし焼却炉を解体した日立造船作業員の血液からきわめて高濃度のダイオキシンを検出するなど、多くの問題を残した。

●廃棄物研究財団：一九八九年八月一日、厚生大臣の許可を得て設立された財団。廃棄物処理に関わる情報収集、調査、技術開発、研究が事業目的であるが、別項、全国都市清掃会議と同様、役所の天下り組織である。九六年には同財団とメーカー一九社および学識経験者、自治体関係者を集めた「次世代型ごみ処理施設開発研究委員会」（委員長・武田信生京都大学教授）を組織し、ガス化溶融炉に関する技術評価書の交付機関となったが、溶融炉が指針外施設でなくなったことでその御利益は薄くなった。

●灰溶融炉：ストーカ炉底部から排出された残灰（焼却灰）をさらに一二〇〇℃以上の高熱で溶融する装置。

厚生省は、九六年度以降に国庫補助を受ける焼却施設にはできるだけこの装置（灰溶融炉）をつけるよう指導せよ、と各都道府県に通知した（九六年六月五日）。電気炉、プラズマ、重油などさまざまな灰溶融炉メーカーが活気づいた。

●バグフィルター：焼却炉排ガス中の煤じんを濾布（ろふ）によって除去する装置。ダイオキシンの再合成が少ない一七〇～二〇〇℃程度で運転可能（→電気集塵機）。

●飛灰：排ガス中の煤じんをバグフィルターなど集塵装置で捕集した灰。集塵灰またはフライアッシュともいう。ダイオキシンの含有率は煙突からの排ガス、焼却灰よりはるかに多い。

●フェライト：酸化鉄とニッケル、マンガンなどを焼き固めた重金属中和剤。

●プラスチック処理促進協会：一九七〇年に開催された大阪万博でプラスチック容器の使用が禁止になった。その年には社団法人・全国都市清掃会議が牛乳用ポリ容器反対の決議を行なう。こうした動きに強い衝撃を受けた石油化学業界は七一年にプラスチック処理研究協会を設立。翌七二年、社団法人・プラスチック処理促進協会に改組し、今日に至っている。だがこの「ガス抜き組織」ができたため、プラスチックの樹脂生産量はその後、うなぎ登りに増えることとなった。

●プラスチック油化：この実験はすでに八〇年代初頭、通産省の手で行なわれているが、コスト高や、塩ビが分解槽を傷めるなどで失敗に終わっている。できた油は分別蒸留してガソリン状にしなければ使いものにならず、時に火災事故を起こすなど、事情はいまも変わらない。大量廃棄と並ぶ大量リサイクルの受け皿づくりがここでも進行中だ。

●マテリアルリサイクル：最も理想的なリサイクルはリユース、つまり元の形のまま再使用することだが、ガラスビンを壊して素材に戻し、また同じものをつくるようなリサイクルをこう呼ぶ。しかしこのやり方を無制限に繰り返してきた結果、ワンウェイ容器の氾濫を招くことになった。ちなみにアルミ缶がアルミ缶になるのは二〇%前後（→サーマルリサイクル）。

●山元還元：飛灰の中には雑多な重金属が含まれているが、それから金属を精錬しようという試み。飛灰を水砕でスラリー状にし、まず硫酸を加えて鉛産物を析出する。残ったスラリーに水酸化ナトリウム、水硫化ナトリウムなどを加え、銅産物を析出する。それらの金属産物を製錬所に運び、元の金属（金、銀、銅、鉛、アンチモン、テルル、亜鉛、カドミウム等）に戻す一連の工程を山元還元（やまもとかんげん）と呼ぶ。

●余剰電力メニュー：太陽光、風力、ごみ発電など、電力会社がＩＰＰ（別掲）以外の電力を買い上げる場合の発電形態。

●ラムサール条約：国際湿地条約のこと。七一年に採択。水鳥の棲息地として重要性の高い湿地を保護する目的で定められた。千葉県習志野市の谷津干潟もそのひとつ。

●ランニングコスト：運転コスト。焼却炉を稼働させる所要経費には人件費、薬剤費、用役費、動力費、消耗品費などが含まれる。建設コストが安くても、これが嵩んで自治体は頭を抱える。

●流動床炉：円筒型で下部がすぼまった形の炉。下から三分の一程度に砂の層を設け、底部から高温空気を吹き込んで砂を対流式に流動させる方式の炉。温度は七〇〇～八〇〇℃。そこにごみを上から投入すると軽いごみは瞬間的に燃え、金属やガレキ類は下へ沈む。もともとは粉体を燃やす工業用のボイラーで、これを都市ごみ焼却に使うこと自体に無理があった。兵庫県宍粟郡、大阪府能勢・豊能、埼玉県所沢市など、高濃度のダイオキシンを排出させた炉はすべて流動床炉である。ただし炉の上に冷却装置を乗せた、いわゆる炉頂型であるが（→ストーカ炉）。

●ロータリーキルン：キルンは窯（かま）のこと。ロータリーキルンは回転窯のことで、もともとはセメントの焼成用窯。最近では産廃の高温溶融に転用されている。

●ＦＲＰ：Fiber Reinforced Plastic. ガラス繊維強化プラスチックのこと。船やタンクの材料に用いられる。ＦＲＰボートの普及でその不法繋留や廃船放置が問題化。

●ＩＰＰ：Independent Power Producer. 電気事業法改正で自分で発電設備を持ち、電力会社に卸売りできる企業。鉄鋼や石油精製業が有利。売電価格は安いが入札によって電力会社と長期契約できることが強みである。卸電力事業と訳す。

●ＰＦＩ：Private Finance Initiative. 公共部門が行なっている公共サービスを民間企業の資金やノウハウを導入することで効率化しようという政策。八〇年代初頭、サッチャーの行財政改革で用いた手法である。日本版ＰＦＩ法案が九九年通常国会で成立した。企業にとっては〝親方日の丸〟相手の事業であり、社会の変動に拘らず需要が途絶えることはない。現にその対象はまずごみ処理（ＰＤＦ発電事業など）に向けられ、早くも一廃の広域移動など規制緩和の要請が出はじめている。だが新技術への対応能力に欠ける行政側は企業の動きに介入できなくなり、企業側は住民運動に対する経験とノウハウを持たないところから、各地で新たな紛争が生じるおそれがある。

●ＲＤＦ：Refuse Derived Fuel. すなわち「ごみからできた燃料」の意。これを固形燃料などと呼ぶから誤解が生まれる。ＲＤＦは所詮ごみの塊なのだ。

●ＴＣＬＰ：Toxicity Chracteristic Leaching Procedure. アメリカ環境保護庁が決めた溶出試験の手法であり、溶出毒性試験と訳す。日本の環境庁告示がＰＨ五・八〜六・二の蒸留水に対象物を入れるのに対し、ＴＣＬＰはＰＨ二・八八〜四・九三（それぞれ±〇・〇五）という設定。酢酸による緩衝液を入れて固定させている（日本では行なわず）。

ガス化溶融炉問題の現在

二〇〇〇年に本書を出した時点でガス化溶融炉に関するトラブルは、九八年のドイツ・フュルトガス漏れ事故などほんの数件にすぎず、技術導入した日本のメーカーも「あれは設計思想の誤りによるもので、我が社の技術とは比較にならない」などと矛盾した弁明にこれ努めていた。

当時との状況変化で最大の問題は、いうまでもなく実際にガス化溶融炉が稼働していることである。ひとり勝ちの新日鉄を含め全国で稼働中のガス化溶融炉施設は九〇カ所。炉数で一七六を数えるという状況になった。

現実のものとなったガス化溶融炉事故

いわゆるダイオキシン特需が終わった二〇〇二年一月から、まるで申し合わせたように全国各地から〝国産の〟事故情報が届きはじめた。すでにわかっているだけでも一〇件以上のトラブルが全国で起きており、中でも豊島産廃溶融炉の爆発事故は象徴的事件となった。入手した情報のうちからその一部を紹介しておく。

(1)　愛知県東海市

二〇〇二年一月二十八日、愛知県東海市の灰溶融炉（新日鉄）が爆発。一〇人の作業員が重軽傷を負った。コークスを使って一八〇〇度の超高温を出す溶融炉で、炉内の耐火物が三カ月しか持たず、その交換に一週間前から炉を止めて解体したところ、まだ炉内に残り火が燻っていた。そこに何らかの原因で水が落ち、水蒸気爆発を起こしたというものである。地元紙の記者によれば作業員が水をぶっかけたらしいという。

(2)　青森県むつ市

同じく二〇〇二年十一月二日に、青森県むつ市の下北地域広域事務組合（プラント名・アックスグリーン）でサーモセレクト炉が「真夜中に雷が落ちたような轟音」をたてて爆発事故を起こした。これは操業中に発生する未燃ガスを緊急に放散塔という装置の下部に引き込んで燃焼させる仕組みの炉であったが、試運転中、常時着火しているはずのバーナーの火が消えていたため係員が点火したところ爆発が起きたのである。幸い人身事故にはならなかったものの、本来、メーカーにとって外部に知られては困る部位のトラブルであり、それが明るみに出てしまったわけである。

(3)　島根県出雲市

二〇〇二年から〇三年にかけて、島根県出雲市外六市町広域事務組合（管理者・出雲市長）が導入した日立製作所のキルン型ガス化溶融炉がトラブルを起こした。本来なら〇二年十二月一日のダイオキシン恒久対策発足初日に合わせて引渡しの約束だったが、工事中に異常が見つかり、〇三年二月まで延期した。しかし乾燥機のトラブルやキルンのシールに緩みが生じるなどで五月まで再延期となった。ここで問題なのは、当初、出雲市外三町だけの施設建設計画だったのに、六〇キロも離れた大田市やそれ以外の一市九町のごみまで引き受けてしまったことである。市町村合併による大出雲市構想がそこに絡んでいた。しかし五月になってもトラブルがつづき、ピット（ごみ貯留場）や敷地内に他の都市から運ばれてきたごみが溢れ返ってしまったのである。これには傘下の各町村からブーイングがあがり、結局、正式引渡しは同年十月二十日になってしまった。ごみの滞貨は現在もつづき、山口県までそれを運んで高い金を払い処理を委託している状況である。

(4) 広島県福山市

三重県企業庁のRDF発電所爆発事故は消防士二名の殉職で全国に知られることになったが、同じRDF発電施設の広島県福山市（リサイクル発電所）でもコークスベッド型溶融炉で火災事故を起こしている。これは毎時二・五トンのRDFが炉に入る設定になっていたのに、その一〇倍ものRDFが入ってしまい、二次燃焼室の圧力が急上昇。高温になったガスが逆流して炉本体と二次燃焼室をつなぐパイプが焼損してしまったというものである。この火災事故は出火を目撃した近所の釣り人が消防署へ報せたものであり、それがなければ現場では通報はおろか、事故そのものを隠すつもりだったらしい。

(5) 福岡県古賀市

福岡県玄海環境組合（古賀清掃工場）では二〇〇二年十二月、三井造船のキルン型ガス化溶融炉の試運転に入ったが、エアヒーター内のセラミック管が半分近く焼損してしまった。この装置は溶融炉で発生した高温空気を調整してガス化炉に送り返す、いわばシステム全体の心臓部であり、「エネルギー循環」の名で三井造船が売りにしている部分であった。これとまったく同じ事故が北海道江別市のプラントでも起きており、同社は初期設計そのものの根本的見直しを迫られた。なおこの件について三井造船本社に取材を申し込んだが拒否された。

(6)　北海道渡島半島

北海道函館市を含む細長い半島を渡島（おしま）と呼び、函館を除く一三町で渡島広域連合をつくっている。そこでは二〇〇三年三月からタクマのキルン型ガス化溶融炉を稼働させているが、熱源となる熱分解ガス発生量が極端に少なく、処理能力が安定しなかった。明らかにメーカーであるタクマの設計ミスと思われる。そのため助燃（灯油）が当初予想量の二倍もかかったという。プラントは函館市に隣接する上磯町に建設されているが、南北に長い広域圏のため、渡島半島北部の長万部町などとは七〇キロも離れている。そのための中継基地が必要となり、一町当たりの分担金も多いところでは倍近くになってしまった。しかもいま進んでいる町村合併の動きで脱退する町も出はじめており、分担金問題でいま同広域連合は揺れている。こうした事例は全国に少なからずあり、いまさらながら九七年に旧厚生省が出した「ごみ処理広域化」通達の罪深さを痛感する。

(7)　香川県直島

香川県豊島に埋まった五〇万トン（土壌を含めて六七万トン）の産廃を隣の直島で処理する事業が二〇〇三年九月十八日、本格稼働の運びとなったが、日本有数の溶融炉メーカーが全部逃げ出した中で唯一処理を引き受けたのがクボタというメーカーだった。だが新日鉄のようにどんな廃棄物でも片端からぶち込んで溶かしてしまう溶鉱炉型と違い、クボタの溶融炉は事前に廃棄物をユンボなどで掻き混ぜて均質化し、最後は三センチ以下に細かく切り刻んで溶融炉に投入するというデリケートな方式だったため、すでに試運転中の八月二十六日には小規模な爆発を起こしていた。その時の教訓が十分生かされぬままに、二〇〇四年一月二十四日午前十一時四十分、爆発事故が起きた。処理能力一日一〇〇トンの炉が二基あり、爆発は二号炉で起きた。ビルの五階ほどもある炉の頂点で鋼鉄製のカバーが圧力で歪み、約六〇センチほど浮き上がっていた。爆発の原因だが、結論は水素の発生だった。豊島に埋まっている産廃は史上最悪でしかも水分が多いため、現地で掘り起こす際、多量の生石灰を混入して乾燥させるのだが、それが水素発生をもたらしたのである。

(8)　兵庫県高砂市

人口一〇万人の兵庫県高砂市では「バブコック日立」というメーカーの流動床型ガス化溶融炉を二〇〇三年四月から単独で立ち上げたが、早々に電気系統やベアリングの異常が起き、溶融炉周辺の作業区域で高濃度のダイオキシンが発生した。第三管理区域（レベル三）という最高の汚染度である。レベル三では防護服とマスクの中にエアラインパイプを引き込むなど、完全武装が要求されている。結局二〇〇三年いっぱいで一二回の事故（うち運転停止が一〇回）を起こし、あまりのひどさに同年十二月、高砂市議会は百条委員会を設置、二〇〇四年二月二十七日には田村広一市長を喚問するという事態になった。入札の際の疑惑もあり、いまなお（〇四年六月現在）委員会による徹底究明が続いている。

(9)　北海道室蘭市

最近わかったことだが、北海道西いぶり広域連合（室蘭市、伊達市および有珠山周辺の四町一村で構成）が地域住民の反対を押し切って導入した三井造船のキルン型ガス化溶融炉（二〇〇三年四月稼働開始）がトラブルを起こしていた。発電設備のタービンや送風機の故障が相次ぎ、さらに千分の一秒程度の送電停止でも運転が止まるという異常さで、灯油の追い焚きも予想以上に嵩んでいる。

以上あげた事例は少なくとも地元紙や市議会が取り上げてようやく明るみに出たものである。しかも死亡事故でも起きない限り全国レベルのニュースにはならず、住民はむろん自治体関係者もよほどアンテナを張っていないと見逃してしまう。したがってまだほかにも似たようなケースが山積しているはずだ。

問題はこうした事故が起きるたび、メーカーや自治体そして調査を依頼された専門家と称する大学教授らが、①初期トラブルであり、システムの根幹に関わる事故ではない、②係員の単純ミスである、などと異口同音にいうことである。仮にそれが事実としても単純ミスで爆発を起こすこと自体、すでにシステムの欠陥を物語るものである。

ではこうも事故が多発する原因はいったい何であろうか。大別すると、①溶融そのものが欠陥技術であり、リスク管理のノウハウがないこと、②無理な受注競争の結果、経営側から製造コストの削減を現場が強いられていること、③無人化・自動化で運転がコンピュータまかせになっていること、の三点になるだろう。

先にあげた事例はすべてそのどれかに当てはまるはずである。いまのところ事故の修復はメーカーがやっており、軒並み赤字となっているのが実情だ。

ダイオキシン特需後のプラント業界事情

1　あまり儲かっていない？

排ガス一立方メートルあたり八〇ナノグラムを一〇〇分の一に切り下げるというダイオキシン恒久対策を睨んだ大型焼却施設の建設と排ガス対策（バグフィルター取り付け等）の需要は、二〇〇〇年度がピークだった。一九九五年度から二〇〇〇年度までの建設総事業費は累積二兆一八〇〇億円。そこに支出された国庫補助金の累計額は二四二〇億円に達している。その間、ストーカ炉、ガス化溶融炉など大型焼却施設の受注量は二〇〇〇年度だけで一万三六〇〇トン（一日当たり換算）に達した。通常期なら三〇〇〇トンから四〇〇〇トンどまりだから、まさに「ダイオキシン特需」である。しかもガス化溶融炉は従来型のストーカ炉を凌いでぐんぐんシェアを伸ばした。

ではその期間、プラント業界は軒並み利潤をあげ、環境エンジニアリング部門は企業収益に多大の貢献をしたのだろうか。逆である。「この道二十年の実績」をうたう新日鉄など一部鉄鋼メーカーを除き、赤字を出した企業が多かったのである。

いわゆる環境エンジニアリング事業は鉄鋼、造船、重機械などの大手メーカーに集中しており、バブル崩壊後の本業低迷で、折からの「ダイオキシン特需」に活路を求めざるを得なかったのだが、現在、環境エンジニアリング部門だけが赤字決算に終わるという皮肉な結果を生んだのである。

半世紀に一度という希有なビジネスチャンスの到来にもかかわらず、軒並み赤字を計上した原因は何だったのか。

第一に件数こそ多かったものの、受注金額に伸びがなかったこと、第二に二〇〇一年度になって急激に受注が落ち込んだことである。

国庫補助を四分の一から三分の一にする、いわゆるダイオキシン特需がスタートしたとき、当時の厚生省は高温・大型・連続焼却を全国自治体に指示し、排出される焼却残さを溶融固化（スラグ化）するよう命じた。この要請に応える技術がガス化溶融炉である。従来型の焼却炉（ストーカ炉など）を採用するなら灰溶融炉の設置を必須要件とした。

可燃、不燃を問わずごみを低温、低酸素の状態で熱分解し、そこから発生したガスを熱源として残さを溶融するというガス化溶融炉の分野に参入したメーカーは九七年当時で一九社あり、その後二八社に増えて、早くも過当競争の様相を呈した。ごみ処理に不慣れなメーカーも含め、次々と旧厚生省時代からの外廓団体、廃棄物研究財団の技術評価書を取得して続々と営業活動に入った。それにつれ「焼却炉の建設単価：トンあたり五〇〇〇万円」という従来までの業界ルールは破られ、仁義なきダンピング合戦が展開されることになった。

最終的に二〇〇〇万円台の受注も出現したことから他のメーカーもそれに引っ張られ、全体として受注単価の低落現象を招くことになったのである。営業部門がダイオキシンを苦もなく分解する、スラグは有効活用できる、効率的なごみ発電ができるなど、調子のいいことを自治体に吹き込むたび、技術部門にそのしわよせがくるという構図になった。

当初はライバル不在で随意契約案件も多く、累計二五基の受注に成功したひとり勝ち状態の新日鉄を含め、現在全国に出現しているガス化溶融炉は施設数で九〇、炉数で一七六を数える。受注数の最も多いメーカーで九件となっているが、メーカーの半数以上は三件以下、受注がたった一件にとどまるメーカーも七社ある。典型的な二極分化であり、いずれもここ三年以内でプラントが稼働しているが、性能保証、瑕疵担保責任などでメンテナンスコストが嵩んで、利益はおろか赤字計上を余儀なくされるメーカーも少なくない。

2　ダイオキシン特需後の受注落ち込み

ストーカ炉は普及後四十年の歴史を持つが、ガス化溶融炉は二〇〇四年六月時点で新日鉄を除き、実機が登場してからわずか四年であり、どのメーカーも第一号のプラントには採算を度外視して工事にあたったといわれている。特に地元案件については「損を覚悟で受注をとれ」が至上命令であった。これを落としたら面子にも関わり、担当者の命取りになるからだ。北九州の新日鉄、大阪東淀川の日立造船

（現Ｈｉｔｚ日立造船）など、その一例だ。中には前述の日立製作所のようにトラブルが一向治まらず、自治体の敷地に滞貨したごみをはるか他県の処分場に運んで赤字を累積させたメーカーもある。ちなみにＨｉｔｚ日立造船とは二〇〇一年、造船事業を旧ＮＫＫ（現ＪＦＥ）との合弁会社に移管し、環境エンジニアリング事業に特化した企業のネーミングである。

そこに手のひらを返したように受注の落ち込みがきた。すなわち二〇〇〇年度の受注トン数は前述のとおり一日あたり処理量換算で一万三六〇〇トンであったが、〇一〜〇二年度受注量は二〇〇〇年度の約三分の一。〇三年度は三六〇〇トンと急落したのである。こうした状況の中で、まだ一件の受注実績もないメーカーがさらにダンピングを重ねるケースもあり、すでに〝一定の実績〟を積んだメーカーの腰が引けはじめた。

たとえばすでに数多くの受注実績を持つ荏原製作所では「これ以上赤字覚悟で（ガス化溶融炉受注の）戦線を拡大するつもりはない」と話す。むろんこれ以上赤字を増やしたくないという本音と、最近起きた所得隠しで参入を自粛せねばならぬという事情も絡んでいる。

ある専門誌の記者が苦笑しながらいう。

「今年度の決算でいえば環境プラント業界での黒字が目立つようになりました。ここ二、三年、ごみ焼却炉の受注がなかったからです」。

それなりの利益をあげているメーカーでさえリストラに踏み切る厳しい冬の時代を、業界全体はどう切り抜けるのか。たとえばＨｉｔｚ日立造船の場合、「（受注金額が）ここまで下がると稼働後のメンテナンスで稼ぐしかないだろうとよくいわれますが、そんな甘いものじゃありません。たとえば国産の資機材が高くて使えない。それに自治体側が我々にメンテナンスの見積もりを出してきて『この範囲でやってくれ』という。人件費の高騰もあって、とてもメンテナンスで儲けを出すところまでいかないのが実情です」。

そのＨｉｔｚ日立造船が落札した東淀川清掃工場では仕様書に国産（資機材）という条項を外した。だが海外からの調達資機材が果たして安くあがるのかどうか、あくまで品質次第であり、自治体によっては海外からの調達をいやがるところもある。

性能は落とさず、コストを落とす。この難題にどう取り組むのか。そこで今後の経営戦略の主軸に考えているのが〝運転委託から運営委託へのシフト〟である。現在どこの自治体（組合）も運営の主導権までは企業に渡していないが、メーカー側は生き延びてゆくためには運営管理の分野まで食い込んでゆくしかないようだ。

ダイオキシン特需とは一種のバブルであった。その反動としての市場不振は当然のことだったが、この落ち込みが例年並みに戻るのはいつごろのことか。

前記専門誌の記者がいう。「ストーカ炉を含めて受注が一日当たり換算六〇〇〇トンのレベルに戻るのは二〇〇七年ごろになるでしょう。とにかく平成の大合併が終わらなければ落ち着きません。もうひとつ、排ガスの高度処理だけで二〇〇二年規制をパスした自治体が新しい炉の建設に向かうのが二〇〇九年ごろになるはずです」。

つまりあと五年後ということだが、必ずそうなるという保証はない。まず一般廃棄物が減少傾向にあること、さらに住民運動が進めている脱焼却の気運が環境ビジネス業界にも浸透しつつあることである。

都市ごみ焼却炉に産廃を受け入れるのか

二〇〇四年一月二十七日、環境省は都道府県の担当者を集め、ひとつの方針を提示した。「一般廃棄物の焼却施設で産廃を処理すれば国庫補助金の支出要件を緩和する」というものである。これまで自治体が自らの焼却炉（または溶融炉）で産廃を処理した場合、国から受けた建設補助の一部を返還せねばならなかった。環境省は「受け入れ産廃量が焼却能力の半分以下である」ことを条件にこの措置を廃止したのである。

現在、産廃の焼却能力は排出量に対しギリギリの状態だが、自治体の大型焼却施設は過剰気味となっている（別表）。こうした判断から出てきた環境省の方針であったが、大型プラントメーカーはこの問題をどう評価しているのか。大方は技術的にもビジネス的にも冒険は避けたいというのが本音のようである。

荏原製作所の理事でプロジェクト統括の大谷浩一氏がいう。「何を入れるかがはっきりするなら悪い話ではないでしょう。それに適した炉の設計をすればいいからです。受け入れ設備も含めてクレーンで摑めるものはどれとどれか、受け入れ可能なものはこれとこれと、こちらから指定することになるでしょう。ストーカ炉の場合、液状ものはダメです」。

問題はカロリーだという。流動床炉ならもともと汚泥処理からはじまった技術だから受け入れも可能だが如何せんカロリーが低い。あとはシュレッダーダストだが、熊本県のカネムラという自動車解体業者が手痛い失敗をしている。「原因はダストに入っていた金属類が多すぎたことです。うち（荏原製作所）も青森のＲＥＲ（青森リニューアブル・エナジー・リサイクリング）でトラブルを起こしましたが、その教訓を次の設計に生かすことができました」。

焼却量／焼却能力対比

種　　別	焼却量	焼却能力
一般廃棄物	11万ｔ／日	20万ｔ／日
産業廃棄物	2200万ｔ／日	2400万ｔ／日

注）一廃焼却施設　1708カ所
　　産廃・プラスチック焼却　1534カ所
〈環境省資料より〉

青森のトラブルとは、二〇〇〇年一月に立ち上がった荏原製作所の流動床型ガス化溶融炉がボイラー閉塞を起こしたことを指す。シュレッダーダストに含まれる銅や亜鉛、砒素の塩化物がボイラーの伝熱管に付着したのである。当時の業界紙の表現によれば「キリタンポの伝熱管ができちゃった」ほどの事態となり、その後、材質の改良や排熱ボイラーの面積を一・八倍に広げるなど、改造費に約八五億円かかった。

カネムラの場合も、タクマのキルン型ガス化溶融炉で同様のトラブルが発生したが、ここではキルンを長くする改造工事で乗り切った。しかし企業規模の割りに投資額が嵩み、二〇〇二年二月にカネムラが民事再生法を申請するという事態になった。

この問題についてＨｉｔｚ日立造船の責任者はいう。「流れは産廃を入れる方向になっているけれど、ドイツではもっとラフです。たとえば医療系については投入口を変えるだけで都市ごみと一緒に燃やしている。量的には一%程度なら投入方法の変更だけで十分といっています」。

問題はむしろ産廃を受け入れる自治体の方にある。国庫補助で誘導され、赤字財政の補てんに少しでも役立つならと議会筋は乗り気だが、自治体当局は腰が引けている。住民説得に自信が持てないのだ。事実、前述の「国庫補助要件緩和」方針が出て以降、各地で住民の反発が広がりはじめた。それをかわす有効な手段のひとつがＰＦＩ（民間資本で行なう行政の事業）や広域公共関与事業である。

ざっとあげても、①三重県四日市市の環境保全事業団による大型溶融施設（ＩＨＩ・クボタＪＶによる二四〇トン／日）。県下自治体からの焼却残さとコンビナート産廃の同時処理（三〇％は特別管理産業廃棄物、有機性汚泥、廃プラ等）、②岡山県倉敷市の水島エコワークス（サーモセレクト方式・倉敷市の可燃ごみ三〇〇トンとコンビナート産廃二五〇トンを混焼）、③茨城県エコフロンティアかさま（ＪＦＥの直接溶融炉一四五トン×二基）、県下市町村の一廃と産廃（廃プラ、医療系廃棄物、木くず、汚染土壌等）を混焼。

そうした中でもうひとつ自治体関係者に気掛かりな事態が出てきた。それは総務省が二〇〇四年四月二十六日に公表した「廃棄物処理施設整備国庫補助金の廃止」方針である。

翌月、全国都市清掃会議は総会でこの問題を取り上げ、今後、国などの関係機関に方針の撤回を働きかけてゆく決議をしているが、数年後の大型受注案件復活に望みをかける環境プラント業界にとってもまさに泣き面に蜂の事態である。

もうひとつの手口――エコタウン

もうひとつガス化溶融炉を主役とした廃棄物処理の舞台がエコタウン構想である。その成り立ちと背景および意味を整理しておこう。

一九九七年、旧通産省と旧厚生省が共管して発足させた補助事業がエコタウンである。自治体（都道府県・政令市および市町村と都道府県）が計画を策定し、国（経産・環境）が承認する方式であり、補助率は建設費の二分の一である。

すでに国が承認したエコタウン事業は全国で一九カ所（二〇〇三年十月現在）にのぼり、「取り扱い品目」でもっとも多いのがペットボトル再生事業。ついで家電・自動車リサイクル、ＲＤＦ発電、廃プラ高炉還元、事務機器リサイクル、廃プラ油化、焼却灰のセメント化（エコセメント）などとなっている。

では、国がこの事業を推進してきた背景と意味は何だったのか。次の三点である。

① あいつぐ廃棄物処理法改正による処分場のひっ迫
② リサイクル産業を育成して産廃を吸収し、厳しい廃棄物規制を緩和
③ 斜陽化した基幹産業の救済（鉄鋼、セメント、非鉄、電力その他の産業界）

だがこうした国の政策が市民社会に何をもたらすのか。まず、本来、産業界が自ら負担すべき施設建設コストを国が二分の一肩代わりし、格安な用地の提供などを行なう舞台装置であり、形を変えた公共事業である。受け入れる自治体側はこれを「町おこし」と捉え、環境ビジネス誘致の動きも活発化して

いる。

第二に「リサイクル施設に廃棄物規制をかけるな」という経済産業省側の圧力がかかっており、リサイクル施設から出る廃棄物処理も規制から外せという動きが依然強いことである。

仮に国がいうとおりエコタウン事業が成立するには三つの要件が必要である。

① 目算どおりに廃棄物が集まるか（入口）

② リサイクル工程で環境負荷を低減できるか（中間）

③ できる「製品」に販路はあるのか（出口）

だが、②の環境負荷の低減（安全性）と③の販路拡大（価格引下げ）は完全にシーソーゲームであり、後者を重視すれば前者を切らざるを得ない。結局、エコタウン最大のメリットは「行き場を失った廃棄物群の巨大な受け皿」というほかはない。それなら「処分場ひっ迫や焼却施設の立地難を解消する新たな廃棄物政策」と宣言すべきであろう。

さらにエコタウンはリサイクル施設の集積だから住民同意は不要というスタンスになる可能性が強く、事実、環境影響評価なども骨抜きになっているケースが多い。

そしてエコタウンには前記のとおり斜陽化した基幹産業の救済という要素が強く、生産縮小で膨大な遊休地を抱える鉄鋼業界や、長期低落傾向に歯止めのかからないセメント業界などを潤す公共事業にすぎないのである。

さらに見逃せないのはエコタウンが予定している用地の多くは地元企業が多年にわたり生み出した廃

棄物などが埋蔵されていることである。

たとえば北九州エコタウンの舞台である響灘は新日鉄のアスベストや県下自治体からの飛灰・焼却灰で形成された土地である。同じ福岡県大牟田市のＲＤＦ発電所の敷地は三井鉱山のボタや大牟田川を浚った際のダイオキシンを含んだヘドロが埋まっており、以前から地元で問題視されていた。特定（有害）施設でも跡地の利用が工場であれば調査の必要はないという土壌汚染対策法もこうした実態を踏まえて策定されたというほかはない。

最大の問題は、度重なる廃棄物処理法の改正でも拡大生産者責任（ＥＰＲ）がついに盛り込まれなかったことである。むろん拡大と銘打つまでもなく、排出事業者責任を問うことは国の役割であるが、産業界との癒着が歴然としている日本の行政に、それをやる気など最初からなかった。それを見越した上での〝未来デザイン〟が廃棄物を資源化するという名の環境ビジネスであり、それを政策化したものがエコタウン構想である。

エコタウンの普及により、循環型社会形成の目玉である「生産段階からの廃棄物排出抑制」という理念など働くわけがない。こうしてごみで儲けようという仕組みがつづく限り、ごみはなくならない。ごみを出したら誰も得しないというルールをつくり出す以外にごみ減量の道はないのである。

スーパーエコタウンの欺瞞性

もうひとつ東京都が二〇〇一年に打ち出した独自の計画がスーパーエコタウンである。その経過を追ってみると、二〇〇一年三月、石原東京都知事が「首都圏再生プロジェクト」を小泉総理大臣に提案したのがその発端である。

同年五月、内閣に「都市再生本部」（本部長・小泉総理大臣）が設置され、翌年四月には「東京圏ゴミゼロ構想」報告書が公表された。

すなわち最初から大手不動産やゼネコンを救済する都市再生事業の一環としての廃棄物処理計画が、東京都のスーパーエコタウン構想だったのである。

間もなく、東京湾岸の中央防波堤（中防）内側と城南島の都有地を民間に事業用地として分譲する「スーパーエコタウン事業」の一般公募が始まった。そして七月、東京都が一八件の応募企業・グループの中から一〇件を選定している。

では東京都、とりわけ石原がスーパーエコタウンによって何を狙ったのか。

まずその中身は一日五五〇トンという超大型のガス化溶融炉（荏原製作所の流動床型）と一〇〇トンの医療廃棄物処理専用炉を東京湾中央防波堤内側処分場跡地（中防内側）に据え付け、二万二〇〇〇キロワットの発電を行なう。さらにそこから約四キロ南西の城南島という大田区の工業専用地域に日量二〇〇〇トン以上の建設混合廃棄物リサイクル施設等を建設する。

以上の施設群がフルに稼働すれば都外への流出産廃はほぼ処理可能、というわけである。さらに中防内側には一都三県分のＰＣＢ廃棄物処理施設（一日二トン処理）を建設する。石原の罪滅ぼしと人気取りである。

一〇〇〇万都民のほとんどはこうした計画があることすら知らない。前述のとおりこの事業は石原の発案になる都市再生プロジェクトの一環だった。「これまで田舎に使っていた資金を都市部に集中させて景気浮揚を図る」というのが都市再生の目的である。

民間資金で廃棄物処理を行なうため、公募に応じた企業はきわめて高い都有地（中防内側が一五万二〇〇〇円、城南島は二五万五〇〇〇円）を買わされ、その上で他のエコタウン地域では免除同然の都市計画決定作業や都条例による環境影響評価、さらに廃棄物処理法による環境基準に自主規制値を上乗せせねばならない。

「産廃処理は事業者の自己責任だから税金の投入は許されず、周辺環境への規制は全国一厳しいものとした」と都の担当者は胸を張る。だがこれはキレイごとだ。

要するに東京都は余剰になった土地を企業に高く売り付け、自らは金を一円も使わずに多年の懸案だった産廃処理をやろうというだけの話である。

最新統計によると東京都内で発生する産廃は二五五九万トン。その最終処分量（二三九万トン）の七四％が近隣三県等に流出し、常に非難の的になってきた。特に問題なのは比率としては小さいものの、リサイクル不能の建設混合廃棄物（混廃）である。数量は約六六万トン。この混廃を都内で全量処理したいというのがスーパーエコタウン最大の目的である。「今回の公募で都内でも有数の専門業者三社が参加することになり、一日あたり二〇二〇トンの処理能力を発揮していただけるので、年間にすると都外流出量の六六万トンをほぼ消化できることになります」と担当者はいう。

ここで気になるのはそれだけの厳しい公募条件を承知で、敢えてこの事業に進出しようという産廃業者たちの思惑である。

現にいくつかの企業を取材したところ「東京湾岸だから住民同意がいらず、二十四時間稼働で思い切った事業拡張ができる」と語っていた。経営者として当然の本音である。結局中身は「リサイクルという名の廃棄物処理」に過ぎない。

その一方、リサイクル産業育成の看板につられて応募した企業のうち、一社は土地代の工面がつかずに辞退、もう一社も東京都の横暴と身勝手さに怒って下りる可能性が高い。

しかも条例上の環境アセスメントは建築面積三〇〇〇平方メートル以上の施設にしか適用しないので一ヘクタールのガス化溶融発電施設（東電グループ）を除き、すべての業者が二九八八とか二八九九平方メートルなどで許可申請を出しているのだ。明らかにアセス逃れである。

東京湾岸にこれ以上、廃棄物施設をつくったら海面からの気流が二三区部への大気汚染をもたらし、ヒートアイランド現象を加速させる一方だ。

都市計画決定も単に大田区や江東区に対する説明責任が生ずるというだけで、肝心の区側は「都のスーパーエコタウンだから意見は出すが反対までは無理」という姿勢に終始している。では都議会（都市・環境委員会）内の状況はどうかといえば、これも超党派で「都外へ流出している産廃を東京都の域内で処理することはいいこと」のレベルから一歩も進んでいない。

エコタウンもスーパーエコタウンも事業者責任追及とは逆の方向を目指す、廃棄物政策の新たな展開を意味しており、しかも実質的な廃棄物規制の緩和が合法化されようとしている。

石原はカジノがダメになったから今度は後楽園競輪の復活を狙っているという。〝空疎な小皇帝〟石原の品性はやはり下劣であった。

なお、スーパーエコタウン計画は二〇〇三年十月、国の承認を受け、全国一九番目のエコタウンとなった。

増補版へのあとがき

日本のごみ処理技術は世界最高の水準という。だがごみは減らない。当たり前である。ごみが大量に出つづけることが前提の「処理」技術だからである。逆に日本の産業界が生産コストの中にごみ処理コストを内部化するという、ホンマもののリデュース（発生抑制）を選択するなら、どんな優れたごみ処理技術も無用の長物となる。

これまで日本は片手でリデュースを掲げ、一方で大量のごみが出なければ成立しない環境ビジネスに金を出すという小泉顔負けの詐欺政策を進めてきた。しかしこのやり方も技術的、財政的にかなりの行き詰まりをみせている。少なくとも焼却炉ビジネスに絞るなら主要メーカーは一斉に路線転換を図りはじめた。

ひとつはバイオマスへのシフトである。だがその中身は相変わらず原料（ごみ）を大量に集めて高効率エネルギーをつくる従来型ビジネスの延長でしかない。たとえば荏原製作所、三井造船とも木屑、厨芥類を使って熱分解ガスを発生させる実証プラントを設置し、二〇〇六年ごろの実用化を狙っている。荏原製作所の場合はガス化溶融炉を第一世代とし、第二世代がプラスチックのガス化、バイオガス装置を第三世代と位置づけている。

第二は、これまで運転のみの受託にとどまっていた既存のプラントを運営まで含めて、まるごと受託しようという路線、つまり名実ともに自治体行政の中に食い込み、寄食する戦略である。むろんダイオキシン特需のような爆発的売り上げには結びつかないが、「従業員をなんとか食わせてゆくためには細く長くつづく商売に切替えるしかない」（あるメーカーの幹部）という。特にＨｉｔｚ日立造船、ＪＦＥ（旧ＮＫＫ）が強力にその戦略を進めており、三菱重工業、タクマなどがそれにつづく。

第三のシフトは海外への進出である。それも東南アジアに的が絞られた。荏原製作所がマレーシアで一五〇〇トンという超大型ガス化溶融炉の受注に成功し、新日鉄が韓国で直接溶融炉を売り込んだ。その他の有力メーカーもこの市場を狙っているが、住民の反対運動も盛り上がっており、東南アジアを第二の日本にする企みと民衆の抵抗が激しくぶつかる局面が次第に本格化しようとしている。

二〇〇四年七月二十日

津川　敬

【著者紹介】

津川　敬（つがわ　けい）

環境問題フリーライター。1937年東京浅草生まれ。早稲田大学第二文学部卒。74年、故剣持一巳らと「コンピュータ合理化研究会」を設立。93年、「廃棄物処分場問題全国ネットワーク」に参加。96年「止めよう！　ダイオキシン汚染・関東ネットワーク」会員に。現在同ネットワーク脱焼却部会代表。主な著書に『くたばれコンピュートピア！』（柘植書房）、『コンピュータと自治体』（三一書房）、『ドキュメントごみ工場』（技術と人間）、『ごみ処分』（三一新書）、『ガス化溶融炉って何なんだ！』（自主制作）、『Q&A教えて！ガス化溶融炉』（緑風出版）など

検証（けんしょう）・ガス化溶融炉（かようゆうろ）【増補版】

——ダイオキシン対策（たいさく）の切札（きりふだ）か

2004年 8月10日　初版第1刷発行　　定価2000円＋税

著　者　津川　敬©

発行者　高須次郎

発行所　株式会社 緑風出版

〒113-0033　東京都文京区本郷2-17-5　ツイン壱岐坂

［電話］03-3812-9420　［FAX］03-3812-7262

［E-mail］info@ryokufu.com

［郵便振替］00100-9-30776

［URL］http://www.ryokufu.com/

装　幀　堀内朝彦

写　植　R 企 画

印　刷　モリモト印刷　巣鴨美術印刷

製　本　トキワ製本所

用　紙　大宝紙業　　E1000

ISBN4-8461-0412-5　C0036

◎緑風出版の本

▨全国のどの書店でもご購入いただけます。
▨店頭にない場合は、なるべく最寄りの書店を通じてご注文ください。
▨表示価格には消費税が加算されます。

プロブレムQ&A
教えて！ガス化溶融炉
［これでごみ問題は解決か］
津川　敬著

A5判変並製
二一二頁

ダイオキシン対策の切り札との触れ込みで、超大型のゴミ焼却炉のガス化溶融炉が今猛烈な勢いで全国で建設されようとしている。分別しなくても何でもかんでもOKというのだが、これがとんでもない欠陥品だ。問題点を解説！

崩壊したごみリサイクル
――御殿場RDF処理の実態
米山昭良著

四六判並製
二六四頁
2000円

夢のごみリサイクルと宣伝されるごみ固形燃料化施設＝RDFは巨大欠陥公害施設だ。本書は、企業の甘言に乗った建設から繰り返される故障・事故、そして遂に自治体が建設企業を訴えるにいたるRDF処理の実態――を現地から報告する。

どう創る循環型社会
ドイツの経験に学ぶ
川名英之著

四六判並製二八〇頁
2000円

行政の無策によってダイオキシン汚染が世界最悪の事態になっている日本。一方、分別・リサイクル・プラスティック焼却禁止などの廃棄物政策で注目を集めているドイツ。その循環型社会へと向かう経験に学び政策を提言する。

ドキュメント日本の公害
川名英之著

四六判上製
全一三巻
揃え50225円

水俣病の発生から地球環境危機の今日まで現代日本の公害史をドキュメントとして描いた初めての通史！　公害・環境事件に第一線記者として立ち会い続けて二〇年、膨大な取材メモ、聞き書きノートや資料をもとに書き下ろした渾身の大作。

政治が歪める公共事業
——小沢一郎ゼネコン政治の構造

久慈　力・横田　一共著

四六判並製　二一六頁　１９００円

政・官・業の癒着によって際限なくつくられる無用の〝公共事業〟が、列島の貴重な自然を破壊し、国民の血税をゼネコンに流し込んでいる！　本書はその黒幕としての〝改革者〟小沢一郎の行状をあますところなく明らかにする。

環境を破壊する公共事業

『週刊金曜日』編集部編

四六版並製　二八八頁　２２００円

その利権誘導の構造、無用・無益の大規模開発を無検証に押し進めることで大きな問題となっている公共事業。本書は全国各地の現場から公共事業を取材、おもに環境破壊の視点から問題点をさぐり、その見直しを訴える。

セレクテッド・ドキュメンタリー
地すべり災害と行政責任
長野・地附山地すべりと老人ホーム26人の死

内山卓郎著

四六判並製　二八八頁　２２００円

'85年長野市郊外の地附山で、大規模な地滑りが特別養護老人ホームを襲い、二六名の死者がでた。行政側は自然災害、天災であると主張したが、裁判闘争によって行政の過失責任が明らかとなる。公共事業と災害を考える。

大規模林道はいらない

大規模林道問題全国ネットワーク編

四六判並製　二四八頁　１９００円

大規模林道の建設が始まって二五年。大規模な道路建設が山を崩し谷を埋める。自然破壊しかもたらさない建設に税金がムダ使いされる。本書は全国の大規模林道の現状をレポートし、不要な公共事業を鋭く告発する書！

検証・リゾート開発［西日本篇］

リゾート・ゴルフ場問題全国連絡会編

四六判並製　三三六頁　２５００円

日本の残り少ない貴重な自然を破壊し、また景気の不振によって事業自体が頓挫し、自治体に巨大な借金を残しているリゾート開発。東日本篇に引き続き、中部・近畿・中国・四国・九州・沖縄の各地方における開発の惨状を検証する。